景观实录
创造性的设计思维
Landscape Cases Creative Design Thinking

主编　张晓燕

中国水利水电出版社
www.waterpub.com.cn

内 容 提 要

本书共分为五部分，力求通过景观实例来探讨景观设计的多种创新思维方式，其中第一部分主要从思维的本身来探讨景观设计的创造性思维，第二至五部分则从引发创造性思维的其他角度，如功能、文化、生态以及创作景观时所采用的新的科学技术等方面进行探讨。

本书可作为景观、建筑、环境艺术设计等相关专业人员的参考用书，同时也可作为大专院校相关专业师生的教辅用书。

图书在版编目（ＣＩＰ）数据

景观实录：创造性的设计思维 / 张晓燕主编. --
北京：中国水利水电出版社，2015.10
ISBN 978-7-5170-3707-1

Ⅰ．①景… Ⅱ．①张… Ⅲ．①景观设计－研究 Ⅳ.
①TU986.2

中国版本图书馆CIP数据核字(2015)第239217号

书　　名	**景观实录　创造性的设计思维**
作　　者	主编　张晓燕
出版发行	中国水利水电出版社 （北京市海淀区玉渊潭南路1号D座　100038） 网址：www. waterpub. com. cn E-mail：sales@waterpub. com. cn 电话：（010）68367658（发行部）
经　　售	北京科水图书销售中心（零售） 电话：（010）88383994、63202643、68545874 全国各地新华书店和相关出版物销售网点
排　　版	中国水利水电出版社微机排版中心
印　　刷	北京印匠彩色印刷有限公司
规　　格	184mm×260mm　16开本　17.5印张　414千字
版　　次	2015年10月第1版　2015年10月第1次印刷
印　　数	0001—2000册
定　　价	**88.00元**

前言

在如今景观书籍繁多的出版市场下，景观案例书籍作为主要景观书目之一，为景观从业者和学习者提供了许多有价值的材料。绝大部分景观案例书籍中的案例以设计方、功能或地域为分类标准，罗列设计方案和设计效果，其弊端在于介绍笼统，缺乏对案例优点的提炼。

本书同样是一本景观案例书籍，但它旨在让读者知其然的同时知其所以然，对案例深入浅出的分析是本书的编排重点。从设计的创新性出发，在世界近年来优秀的景观案例中筛选出了一批具有创造性思维的案例，书中各个案例或直接根据设计的创新思维，或从引发创新思维的其他角度，如功能、文化、生态，以及设计中用到的科技手段进行分类。

虽然良好的思维方式是设计出杰出作品的关键，但它绝不是设计师灵光乍现的结果。在景观设计中，对场地的深入了解、对文化的深度体验、对前沿科技和思潮的把握或是具有独特的设计风格，都可能引导出良好的设计思维。抱着成为一名杰出景观设计人的理想，我们需要以更贴切的角度来研究和学习。

编写本书的灵感来源于编者多年的景观教学经验，编者在指导学生的过程中发现创造性思维对于设计出优秀的景观作品尤为重要，而对前人的优秀案例进行总结提炼并学习无疑是一种重要的方法。在成书过程中，编者与学生进行了多次研讨和修订，每一篇都是在集体智慧的基础上由不同学生完成的。其中，思维篇由曹冰雪、王鹏撰稿；文化篇由张子玲、徐艺撰稿；功能篇由蔡林辰撰稿；生态篇由罗澳撰稿；科技篇由李少晨撰稿。

谨以此书抛砖引玉，希望广大读者和专业人士对我们提出宝贵的意见和建议。

张晓燕

2015 年 5 月

目录

T 思维
Thinking

F 功能

Functional

C 文化
Cultural

E | 生态
Ecological

S&T 科技
Science&Technology

THINKING

思 维

　　景观设计作品本质上是一种思维方式的体现，如何最大限度地"与众不同""空前绝后"，也许就是设计师们所极力追求的目标。而设计的独特性，从根本上取决于思维的差别，作品中的创新是思维差异的本质反应。因而设计与创新密不可分，而设计思维就是实现设计创新的有效途径之一。

　　设计思维过程是一个非常复杂的心理现象，通常认为是创造性思维和设计方法学的有机结合，设计者掌握实际场地信息，依靠形象思维、联想思维、逆向思维等各种思维方式对设计进行思考、规划，并在设计过程中让他们有机结合。设计思维在形成过程中不一定能够以科学的语言表述清楚，因而常常用灵感之类的词汇加以描述，使得设计思维通常被笼上一层神秘的面纱，也使大地景观呈现了千姿百态的风貌。

　　思维贯穿于景观设计的全过程并与设计终极目标的实现相一致，是设计主体运用思维统筹整体的艺术表现，由此，思维在景观设计中占据主导地位。综合地学习和了解不同创造性思维方式在实际案例中的运用，有助于丰富设计者的设计理念，增加更多艺术形式的体验和学习。

NKING THINKING THINKING THINKING
NKING THINKING THINKING THINKING
NKING THINKING THINKING THINKING
NKING THINKING THINKING THINKING
NKING THINKING THINKING THINKING
NKING THINKING THINKING THINKING
NKING THINKING THINKING THINKING
NKING THINKING THINKING THINKING

NKING THINKING THINKING THINKING
NKING THINKING THINKING THINKING
NKING THINKING THINKING THINKING
NKING THINKING THINKING THINKING
NKING THINKING THINKING THINKING
NKING THINKING THINKING THINKING

ABSTRACT THINKING ABSTRACT THINKING
ABSTRACT THINKING ABSTRACT THINKING
ABSTRACT THINKING ABSTRACT THINKING
ABSTRACT THINKING ABSTRACT THINKING
ABSTRACT THINKING ABSTRACT THINKING
ABSTRACT THINKING ABSTRACT THINKING
ABSTRACT THINKING
ABSTRACT THINKING
ABSTRACT THINKING

抽象思维

　　抽象思维，又称逻辑思维，是指人在认识的过程中以事物的本质为基础，通过现象进行推理和判断的过程。在进行景观设计时，最先要做的工作就是对场地及现状进行分析，包括周边环境、地形、水文、植被状况、历史文化、地域文化特点等，通过总结和概括，为概念的形成和初步设计做好准备。

ABSTRACT THINKING

ABSTRACT THINKING ABSTRACT THINKING
ABSTRACT THINKING ABSTRACT THINKING
ABSTRACT THINKING ABSTRACT THINKING
ABSTRACT THINKING ABSTRACT THINKING
ABSTRACT THINKING ABSTRACT THINKING
ABSTRACT THINKING ABSTRACT THINKING
ABSTRACT THINKING ABSTRACT THINKING
ABSTRACT THINKING ABSTRACT THINKING
ABSTRACT THINKING ABSTRACT THINKING

澳大利亚花园

项目名称：The Australian Garden
　　　　　澳大利亚花园
项目地点：澳大利亚墨尔本
项目设计：Taylor Cullity Lethlean
项目时间：2013
项目概况：澳大利亚花园，坐落于墨尔本东南方 45km 的克兰本郊区，是皇家植物园（the Royal Botanic
Gardens）的一部分。园林通过设计特定的主题体验，用不同的方式激发人们去了解澳大利亚的植物。澳
大利亚花园的建设时期，正是世界范围内的植物园质疑已有的研究和娱乐模式、重新定位景观保护和游
客参与方式的理念的时期。作为世界上最大的澳大利亚特色植物园，该园凭借繁多的植物种类和精巧的设
计，在 2013 年度的世界建筑节上，脱颖而出赢得最佳景观奖。"皇家植物园体现了澳大利亚种类繁多的
植物和多样的生态景观，包括占据了这个国家大部分面积的干旱沙漠。"评审组负责人称，"植物园的设
计突出了植物和沙漠间的差异，却又将多样的景观恰当地融合在设计中。美丽的植物不需要用太多语言修
饰，澳大利亚以其独特的自然景观脱颖而出。"

▲ 代表澳大利亚广袤沙漠的红沙景观

澳大利亚花园希望在咫尺天地中重现澳洲广袤风景的迷人魅力，创建出极具多样性的人造雕塑和艺术景观。运用抽象的思维模式设计，不再是模仿，而是一种创造。从树林到海洋；从花园到沙漠；从山峦到湖泊，一切抽象、概括、隐喻、创新之物唤起人们的惊喜还有联想，如诗如歌般展开，富有多层次，富有多深度。花园里面的各个景观互相交融，变化随时都在发生。在这里旅行就是在体验惊喜，每个人每次都能获得不一样的感官体验。它是所有人的花园，但它在每个人的心中都不一样。澳大利亚花园通过阐述澳大利亚人对他们的自然景观的情感来吸引游客。澳大利亚的自然景观或被人们拥抱，或被人们离弃；人们或因极致的壮美而喜欢它，或因它造成了生活的艰辛而厌恶它。艺术家和作家们常被它极致的壮美、流动的水和顽强的植物激发出设计或写作的灵感。另外一些人则试图改变自然景观，以人为设计的形式来对自然景观进行构想。澳大利亚建国时间较短，但植物园在建设、管理等方面成绩斐然，已跻身于世界植物园的先进行列：其植物园设计、分类水平较高，植物长势茂盛、风光秀美，是城市及风景区的景观标志。

独特的园路设计 ▶

澳大利亚花园通过对澳大利亚景观的本质进行抽象和提炼，将其浓缩至一个场地，力求通过园艺、构建、生态、艺术最大限度地体现出澳洲之美。澳大利亚辽阔国土上变化多端的景观让有的人喜爱万分，也让有的人惊异和难以接受，体现着"爱憎"的紧张关系。这里，以人类设计的形式展现出那让人崇拜和敬畏的万千景观。因此，设计团队通过对丰富的自然景观抽象化提取元素，并传达到植物园的景观设计中。

局部鸟瞰图 ▶

▼ 东西部以水相隔细节图

澳大利亚花园主要分为东部和西部，中间一水相隔。水，在这两大部分中起着调节的作用。水引导游客从石池悬崖。同时水流蜿蜒着经过曲折的河岸、沙嘴、海岸线，以各种形态出现在花园中。在花园的东部有展览花园、展示性景观区、研究区和森林地带。这些地区的景观更多地体现着人的设计意志，是规则式的人造自然景观；而在花园的西部，花园的景色更多的是被引人入胜的自然景观及不规则的植物样式所塑造，体现了不规则的人造自然景观。

▲ 水上活动鸟瞰图

▲ 水元素设计细节图

在这个独特的花园中，一切都通过一种创造性的设计融合在一起。在花园的东部有观光处、供科研的区域和森林群落。在西边，主要是供游客体验的，可以体验到各种各样的园林景点，以及各种不同的植物。在这个花园里，水的作用功不可没，游客们可以进行各种水上活动。

▼ 红沙景观鸟瞰图

▲ 植物景观设计

◀ 植物群落

　　澳大利亚植物园收集展示了澳大利亚大量的植物品种，对公众了解澳大利亚的历史、生态、自然、环境还有未来起着重要的作用，同时在保护世界生物遗产上也发挥了重要作用。这些植物没有使用新的进口的外来土壤，而依然使用这个场地前身——砂石厂的土壤。这些都归功于设计团队的精心设计，运用园艺等方面的相关知识，选择出可以适应场地土壤的植物，结果有1700种，共170000多株植物进驻到这个场地。这些植物不光耐贫瘠，也耐干旱。

河畔的折纸艺术

项目名称：Riverside Origami —— Millennium City Center
　　　　　河畔的折纸艺术
项目地点：匈牙利布达佩斯
项目设计：Garten Studio
项目时间：2009—2011
项目概况：该项目位于多瑙河东岸布达佩斯桥的东南角，主建筑连接着早先建成的市中心，是该区域内所有新建住宅和办公楼群中最晚落成的建筑。该项目中的花园作为纵向延伸公园的一部分，与河岸平行。项目主要设计理念是将底层建设成为连接各公共区域以及周边开放地带的场所，而高层旨在对这片长条形区域进行合理的分割，使其在结构和视觉上形成几个部分，吸引行人穿过马路，走向河边的人行步道。项目取得了 LEED 金牌认证。技术、排水、灌溉、照明、铺装材料，以及植物配植都完美地满足了 LEED 的要求。

关于 LEED

　　美国绿色建筑协会（LEED）是一个非营利组织，旨在推动建筑能够具有永续设计与建造。美国绿色建筑协会以推动领先能源与环境设计而著称。

▲ 项目平面图

  狭窄的带状场地是设计之初遇到的最大的问题。设计团队巧妙地选择了折纸的创意，采用三角形搭建工艺，融入折纸艺术，形成不同的微小空间，数据分析了不同的折纸抽象模式对于场地表达的意义。最终的设计形态很好地使场地与周边整合，并使地面流线流畅，创造了形状丰富的视觉效果。并使得功能空间具有多重定义，同时那些分裂的形状形成视觉冲击力。在公园提供了不同水景观，作为一种动态创造的手法，吸引游客穿越人行道，来到此处欣赏，对于处于周边建筑内的观者，则为辛苦工作之余增加一份俯视景象的乐趣。设计团队中每个成员都有自己喜欢的小细节：丰富的水景细节；正在建设中的咖啡露台；折叠的地形……其中一个水池用白色花岗岩石材做成倾斜面，上面做出设计师的手印三维造型，结合水流以及喷雾器形成妙趣横生的场景。还有一处水景位于倾斜的台面上，喷涌的水流与灯光完美结合。折叠草坡上 8cm 的石材挡土墙；波浪形走道上大小一致、灵活排布的梯形木材；室内花园陈列的植物；屋顶天台美丽的植物纹理等。花园内长条形花岗岩的材料，增加一些原创设计理念，运用不一样的方式留下了设计师手印的造型，在抽象思维设计中点缀一些小小的插曲。抽象地采用三角形以及折纸似的要素，设计显得现代自由，并拥有多种功能空间定义。同样，此抽象思维模式适合于屋顶花园设计，注重轮廓设计而不是种植物的纹理。

东部、北部以人行和自行车交通为主，南侧临近建筑部分设置了咖啡厅以及露台，还有能瞭望河西岸的草坪小方凳。在有限的空间内形成不同的层次，各自独立且具有良好的风景，同时高楼上的人们向下俯视也能看见美丽的形状。

局部平面图 ▶

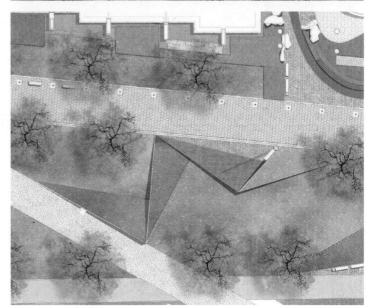

局部平面细节图 ▶

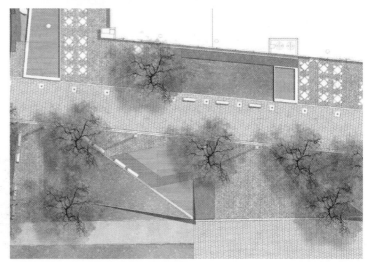

几何形的折纸造型 ▶

▲ 折纸功能区域划分

▲ 水景中设计师手印三维造型的石材

◀ 人与水景互动体验

水景石材细节 ▶

"细胞生活" 人造景观

项目名称：Life cells of artificial landscape
　　　　　"细胞生活" 人造景观
项目地点：英国爱丁堡
项目设计：Charles Jencks
项目时间：2003—2010
项目概况：这件艺术作品位于英国一座占地百亩以上的庄园，业主是 Jupiter Artland。"细胞生活"由
8 块不同的地形构成，彼此有长堤连接，这样游客们可以驾车穿越整个场地。草堆的周围是 4 片湖泊和 1
个较平缓的小岛，上面陈列着小型的雕塑。

关于 Charles Jencks

　　Charles Jencks 为美国的建筑理论家、景观建筑师和设计师，在建筑和园林方面有着丰富的经验。
以他创新的想法对土地进行雕塑，以自己的方式去改变它们，作品都超乎想象。

"细胞"与水体的关系（1）◀

"细胞"与水体的关系（2）▶

▼ "细胞核"　　　　　　　▼ "细胞"间路径关系

　　设计师对生命体细胞进行了抽象分析研究，景观的结构是由细胞、有丝分裂等特点构成处理的基本单元。受到当一个细胞分裂成两个细胞的生物现象影响，因而将平滑整洁的草坪层层叠加，表达出"生命细胞"的特殊景观造型。绿色流体几何形状的漩涡体现出细胞的有丝分裂、细胞膜与细胞核等关系。游客们可以根据两种不同的地貌来区分细胞膜和细胞核之间的关系。这座层层叠叠的绿色漩涡流体展示出几何形态的大地艺术，营造出极简而有内涵的景观表达。

▲ 地貌和水的关系

　　细胞核、细胞质与细胞膜之间是一个有趣的关系。细胞核内的重要物质无法进入细胞质，但是细胞质能为细胞核提供生存要素，整个细胞也通过细胞膜与外界交换物质，却也保护细胞内的细胞器形成相对的个体。这个景观的重点在于"隔膜"上，也就是景观元素之间的界限。设计者没有模仿细胞的结构，而是站在景观的角度来思考界限，即绿地、水与道路的联系。

◀ 景观雕塑特写

国际花园节——火灾之后

项目名称：The International Garden Festival——After Burn
国际花园节——火灾之后
项目地点：加拿大魁北克
项目设计：Nicko Elliott、Ksenia Kagner
项目时间：2014—2015

关于国际花园节

　　国际花园节自 2000 年开始举办，是一场关于花园创新性和实验性的特殊展览。它是北美地区最重要的当代花园展览活动。花园节的空间设计结合了视觉艺术、建筑、景观、设计和自然等元素，每年夏天这些独特的装置都会给参观者们带来惊喜。

　　2014 年，来自首尔、圣地亚哥、纽约、费城、巴塞尔、阿姆斯特丹、巴黎和蒙特利尔等地的由 65 位设计师设计的 22 个现代花园（2014）以最直接原始的方式向我们呈现了强大与脆弱的大自然之美。这些公园装置艺术引导参观者以全新的方式去审视自然环境和世界。

▲ 午后的火灾之后

森林火灾是我们经常看到的，然而对于灾后场景的塑造则是一个难题。火灾之后项目采用新装置艺术，通过大火拂过森林后的场景、多灰的种植土壤、雨花石、针叶树木和繁茂的草本植物等元素重塑北方针叶林遭受森林火灾之后的残景。火灾是森林生态系统链条中不可或缺的元素，通过装置来抽象提取火灾的重要元素，运用抽象思维模式，生动地表现我们很少有机会经历这种场景。火灾后小范围的新生森林从看似贫瘠的火灾残余中攫取养料，茁壮成长。设计师抽象地表现火灾后恢复期树木很长时间不能消失被烧灼的黑色烙印，但是黑暗中仍存点点希望，野花、草地、莎草和树苗慢慢苏醒，开始发芽，同时它们成为啮齿小动物、小鸟和食肉动物们的家园，抽象树木的黑与小苗的绿为人与动物带来了生机与希望。

▼ 傍晚景色

▲ 盛开的野花

▲ 案例全景

▼ 树干细节（2）

▼ 树干细节（1）

IMAGE THINKING IMAGE THINKING
IMAGE THINKING IMAGE THINKING
IMAGE THINKING IMAGE THINKING
IMAGE THINKING IMAGE THINKING
IMAGE THINKING

形象思维

IMAGE THINKING

IMAGE THINKING

IMAGE THINKING

IMAGE THINKING

IMAGE THINKING

IMAGE THINKING

IMAGE THINKING

形象思维是对形象信息传递的客观形象体系进行感受、储存，并在此基础上，结合主观的认识和情感进行识别，用一定的形式手段和工具创造描绘形象的一种基本思维形式。形象思维不像抽象思维那样对信息的加工一步一步线性地进行，而是可以调用许多形象的材料，将之糅合在一起形成新的形象，或由一个形象跳跃到另一个形象。它对信息的加工过程不是系统加工，而是平行加工、面性加工或立体性加工。

IMAGE THINKING

IMAGE THINKING IMAGE THINKING
IMAGE THINKING IMAGE THINKING
IMAGE THINKING IMAGE THINKING
IMAGE THINKING IMAGE THINKING
IMAGE THINKING IMAGE THINKING
IMAGE THINKING IMAGE THINKING
IMAGE THINKING IMAGE THINKING
IMAGE THINKING IMAGE THINKING
IMAGE THINKING IMAGE THINKING

北方女神

项目名称：Lady of the North
　　　　　北方女神
项目地点：英国纽卡斯尔
项目设计：Charles Jencks
项目时间：2005—2012
项目概况：位于英国诺森伯兰郡克拉姆灵顿附近公园的"北方女神"，在 2013 年国际房地产大奖赛中击败来自墨西哥和马来西亚竞争对手赢得"全球最佳景观建筑奖"。"北方女神"人形雕塑是世界上最大的人造地形景观。景观以几座山丘作为基础，由附近克拉姆灵顿一个煤场的 150 万 t 废煤渣和泥土堆积而成。由波状山丘和山谷组成，类似斜躺在山坡上的裸体女人身形。景观高 34m，长 400m。

关于大地艺术

　　大地艺术又叫人造地形景观，是由极少主义艺术的简单、无细节形式发展而来的。大地艺术家主张返回自然，以大地作为艺术创作的对象。他们或在广袤的沙漠上挖坑造型，或移山填海，或垒筑堤岸，或泼溅色彩遍染荒山。由于大地艺术家常以挖掘填湮工程形式出现故又有土工方程或地景艺术之称。首次"在地作品艺术展"于 1968 年在美国纽约的杜旺画廊举行。由此宣告了一种新的现代艺术形态——大地艺术的出现。

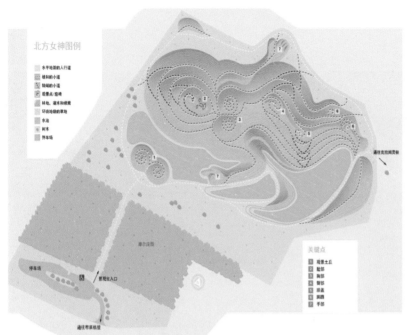

▲ 项目平面示意图

雕塑的灵感诞生于2004年，当时两家地产公司申请在此处挖煤和制砖用的泥，遭到当地居民的反对。当地居民希望地产公司开发后能提出恢复环境的计划。在废渣上建造人形雕塑的想法随后产生。

由此看来，通过形象思维模式形象的信息传递与表达来设计的北方女神，其鲜活的形象吸引众多游客前来参观体验。抽象的思维设计在项目的表达上最为直接、便于设计者与观者产生共鸣。

▼ 项目模型

▼ 项目鸟瞰全景

▲ 项目半身鸟瞰图

▼ 游客登高远望景色

▲ 女神侧身图

　　北方女神的最佳观赏方式是从空中的飞机上俯瞰，因为她是如此巨大。人们能在她的身体上漫步，有一条 6.4km 长的通道连接她身体的各个部分以及脸部、胸部、膝盖等处的观景台。从景观临近的公路上能清楚看到她侧面的身姿，其侧脸的轮廓惟妙惟肖。

▼ 回环多岔的景观道

威尔士王妃戴安娜纪念喷泉

项目名称：The Diana Princess of Wales Memorial Fountain
威尔士王妃戴安娜纪念喷泉
项目地点：英国伦敦
项目设计：Kathryn Gustafson
项目时间：2003
项目概况：喷泉是英国政府为戴安娜建造的第一个永久性纪念设施。喷泉耗资360万英镑，由美国设计师古斯塔夫森设计。喷泉位于伦敦的海德公园，距离戴安娜王妃生前居住的肯辛顿宫不远。喷泉的样子其实同大部分人想象的很不一样。与其叫它喷泉，不如叫涌泉或奔泉。在水渠的尽头是一个直径大约为210m的圆形水池。池水很浅，可供儿童嬉戏。作者说："喷泉的设计反映了戴安娜的气质和一生。"

纪念喷泉圆环形的水渠安置在开阔的绿地之上，形式上它光滑柔顺，并与周围的地形和植物完全地融合为一体。从天俯视，犹如一串水晶项链。从另一种角度分析，作品运用形象的思维模式，富有想象的展现，从本质来说圆形喷泉就如同项链般，给人亲切感。椭圆环的长短轴分别为50m和80m，"恰似一串项链，被温柔地佩在原有的景观之上，十分生动、形象。"同时，通过形象思维模式表达出一个"外达内通"的概念，并认为这源于戴安娜深受人们爱戴的诸多品质和个性，传达出如她的包容、她的博爱品质。椭圆轮廓的水流与其包含在内的植物和地形，也可以被看作一个园林中的人工岛，提醒人们戴妃在Althorp小岛的安息之地。

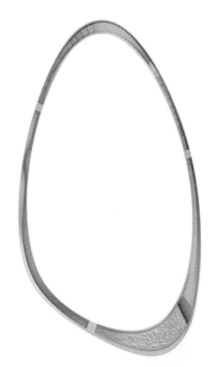

▲ 水体结构图

▼ 人们在喷泉边休憩

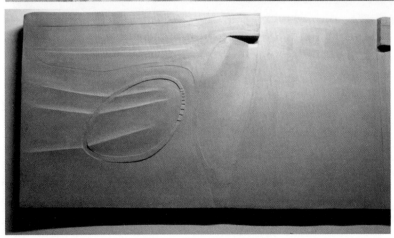

◄ 场地设计模型

　　设计师认为开阔地形环抱的喷泉存在一种力量，它不断地向周围扩散并吸引着人们来到这里，而多种肌理特征的石材和水中的喷头又使得喷泉具有诸多的特色。

　　在环状的水景装置中，水的源头位于整个喷泉的最高点，水流从喷泉的基础部分奔流而出，以大约100L/s的速度从蓄水池抽到喷泉的顶部，并从最高处沿着地形分别从东西两个方向向下流淌。

▼ 流水的细节　　　　　　　　　　　　　　　　　　　　　　　　▼ 孩子能安全地在流水边玩耍

小型"方与圆"雨水花园

项目名称：Small Rain Garden of Square and Circular
　　　　　小型"方与圆"雨水花园
项目地点：法国肖蒙卢瓦尔
项目设计：Turenscape
项目时间：2013
项目概况：这个小的雨水花园是 2013 年法国肖蒙创意园林展的作品，并作为永久作品保留。俞孔坚先生
将其取名为"方与圆"，象征着土地和天空。花园是对中国传统园林的当代解读，整体为外方内圆的形式
设计，通过围合空间的建立和运用小中见大的中国园林手法以及填挖方的工程技术，将当代雨水利用理念
与传统造园哲学相结合，创造出亲切而富有美感的观赏和体验空间。

一般的作品是将形象的思维模式和形象的信息运用于实物，雨水花园则是通过"天圆地方"形象中的曲线和方形等形式化语言对中国传统园林进行的重新解读。作品的设计方与圆、直与曲，饱和的红色与变换的水色和天空，生机勃勃的绿色竹丛与刺上天空的红色竹竿，从元素到空间，"方圆"让人体验到的中国既是传统的中国，更是当代的中国。

▼ 体现方圆的形式

关于法国肖蒙城堡国际花园节

自 1992 年起，法国肖蒙城堡国际花园节（Festival des Jardins Internationals,France）已成功举办了 22 届，创作出了近 580 多个风格各异的花园，已成为展示世界风景设计创作状况全景的盛大活动，也代表着未来花园的发展方向。

BIONIC THINKING
BIONIC THINKING
BIONIC THINKING
BIONIC THINKING
BIONIC THINKING
BIONIC THINKING
BIONIC THINKING
BIONIC THINKING
BIONIC THINKING
BIONIC THINKING
BIONIC THINKING
BIONIC THINKING
BIONIC THINKING
BIONIC THINKING
BIONIC THINKING
BIONIC THINKING
BIONIC THINKING
BIONIC THINKING
BIONIC THINKING
BIONIC THINKING
BIONIC THINKING
BIONIC THINKING
BIONIC THINKING
BIONIC THINKING
BIONIC THINKING

BIONIC THINKING
BIONIC THINKING
BIONIC THINKING
BIONIC THINKING
BIONIC THINKING
BIONIC THINKING

仿生思维

　　仿生思维，就是以生物为设计原形从而得到启示来进行创造性的思维设计。在设计过程中，有选择地运用自然界万事万物的形、色、音、功能、结构等设计素材，进行景观设计，创造出前所未有的形态和景观形象。

BIONIC THINKING
BIONIC THINKING
BIONIC THINKING
BIONIC THINKING
BIONIC THINKING
BIONIC THINKING
BIONIC THINKING
BIONIC THINKING
BIONIC THINKING
BIONIC THINKING

"沙虫"海滩景观

项目名称：Sand Worm
　　　　　"沙虫"海滩景观
项目地点：比利时文代讷
项目设计：Marco Casagrande
项目时间：2012
项目概况：这是一个用柳条和沙子建造的临时庇护所，为来沙滩游玩的参观者提供一个简易而生态的防晒庇护所。建筑物有机的拱形外壳是用柳条编织而成的，总长 45m，宽 10m，高度各不相同。"沙虫"弯曲的形态与比利时小镇上的沙丘融为一体。

关于沙虫

　　沙虫又称方格星虫（Sipunculus nudus）。它的形状很像一根肠子，呈长筒形，体长约10～20cm，且浑身光裸无毛，体壁纵肌成束，每环肌交错排列，形成方块格子状花纹。方格星虫可食用，它虽然没有海参、鱼翅、鲍鱼名贵，但味道鲜美脆嫩，为海参、鱼翅所不及。生长在沿海滩涂，因为对生长环境的质量十分敏感，一旦污染则不能成活，因而有"环境标志生物"之称。

▲ 柳条编制细节图

设计场地是在一片近海沙漠中，暗黄色的沙土与海水构成了大地的基本景观风貌。Casagrande 在进行现场调研时强调尊重场地的特性是设计能否成功的关键，很可能设计的灵感就在这片海域之中。

Casagrande 将此种设计描述为弱结构（weak architecture），日本建筑师隈研吾也曾将这个术语用以对灵活景观构筑物的研究。在这里 Casagrande 提出的"弱"倾向于表达"弱的存在感"，即在人与自然的关系中，人工构筑物作为两者的媒介，应让步于环境，融入其中而非与之对抗。以"沙虫"的有机形态与周边环境融为一体，就像是绵延的沙丘上生长而出的自然生物，和谐地存在于天地间。

◀ 类沙虫结构的仿生形态

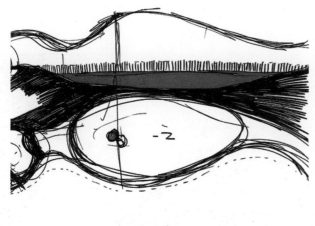

　　设计师 Casagrande 在设计时想到当地沿海的水生动物——沙虫，希望以此为设计的出发点，创造一种自然仿生的形态和场地周边产生共鸣。同时，沙虫的形态也更容易让当地居民产生认同感和好奇感，进入沙虫的内部空间可以一探究竟。仿生的设计表达也符合当下的生态理念，即低碳设计，零污染建造。既对场地自然环境条件进行了改善，也尽力减小对原生态系统的影响。这反映了通过仿生思维设计出的景观其生态性的一面。

　　"沙虫"的基本功能是提供给人们一个野餐、休息、聚会、冥想的空间，同时并不限制其他自发行为的产生。

　　实际建造中传统的施工工艺很难达到设计者的要求，Casagrande 更多地参与到项目的建设中，许多细节的处理都是根据现场情况而定的，这也无意间符合了设计所表达的一种野趣。曲面光滑的线条和界面的镂空处理使得自然光线能够从各个方位进入空间，在内部相互交错，随着日照的变化呈现出不同的光影效果，创造出独特的空间体验。

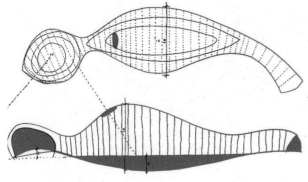

▲ 项目概念草图

▼ 项目立面与平面草图

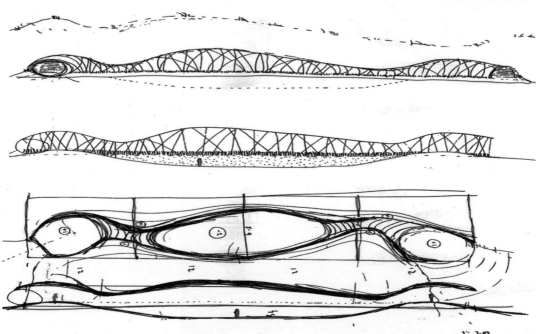

ICD/ITKE 研究馆

项目名称：ICD/ITKE Research Pavilion
　　　　　ICD/ITKE 研究馆
项目地点：德国斯图加特
项目设计：ICD/ITKE
项目时间：2011
项目概况：该项目是由斯图加特大学计算设计学院（ICD）和建筑结构与结构设计学院（ITKE）共同完成的
一个研究教学临时木材展馆。通过计算机设计探讨海胆的骨架，并让其转化为实际的建造，这是一个创新，
拓展了仿生学与景观的结合度。展馆的复杂形态由不同几何形状的极薄胶合板组成。

该项目探讨生态系统在景观设计中融入对生物结构及其空间以及结构材料的全面研究测试，并用模块化的系统达到高度适应性和性能。设计人员分析海胆，并研究出仿生结构的基本框架。多变和方解石般的表面突起可以提高承载力，从而使传统的木工链接节点优美异常。

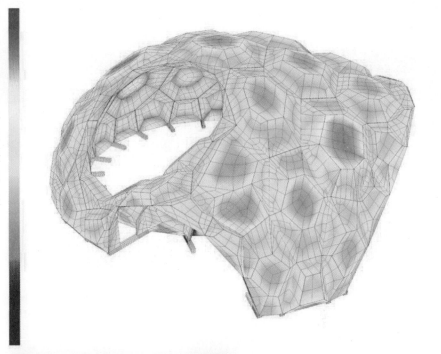

通过 GIS 分析海胆的生物曲面，并将数据输入至结构材料中，从而得到新的景观构筑受力分析。形态转换将这些板组合设计成亭子。

板块边缘让力汇聚到一个区域，使得弯矩传输力为零，这样板块就不会变形。

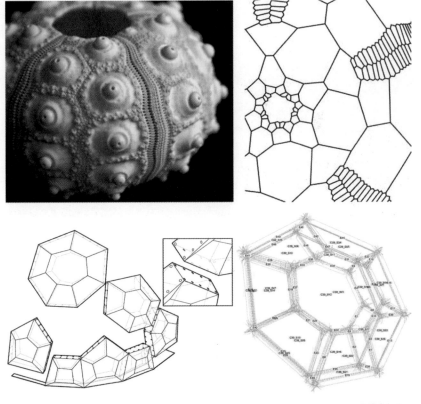

▲ 项目思维意向图

▲ 设计表皮细节（1）

◀ 灯光效果（1）

设计中还有如下一些生物结构的基本应用法则作为设计的辅助原则：

（1）异质性——单元大小不一，适应各种曲率和连续性。

（2）异向性——单元各自伸展定位自己的机械应力。

（3）层次——双层，第一层胶合板相互粘接形成基本单元；第二层用简单的木卡槽让单元连接在一起，便于组装拆卸。

斯图加特大学每年都会有这样的实践课程，目的就是希望学生可以运用仿生思维将自然中的结构与人造景观相联系，并通过相应的建构手段将其实现，这样可以使学生真实地体会到自然与设计的关联性。

▲ 设计表皮细节（2）

▲ 设计表皮细节（3）

▼ 剖面示意图

▲ 灯光效果（2）

竹编有机建筑

项目名称：CICADA Bamboo Pavillion
　　　　　竹编有机建筑
项目地点：中国台湾台北市
项目设计：JUT Land Development Group
项目时间：2011
项目概况：项目为2012年德国红点设计大奖参赛作品，以仿生态的鸟笼造型构筑于台北丛林之中，使游览者感受人类手工艺与大自然融合的契合感，加深对于保护自然的认识。

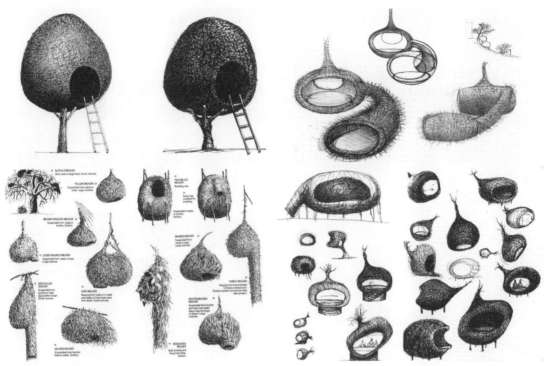

▲ 项目仿生参考意向

　　设计师以鸟笼的形态，希望设计使人造物和大自然合二为一。人们渴望在大自然中找到归属感，设计则采用一种巧妙的方式，让人能够上树体验，以非正常视角来审视自然。设计并没有重复单一形式，而是模拟了各种鸟的栖息方式，创造了不同的鸟笼形态。同时，作为公共空间，所用材料将再度回归天地，体现夏蝉生时，大鸣大放、代代不息的场所精神。

▲ 仿生构筑物与树林的关系

ASSOCIATIVE THINKING ASSOCIATIVE THINKING
ASSOCIATIVE THINKING ASSOCIATIVE THINKING
ASSOCIATIVE THINKING ASSOCIATIVE THINKING
ASSOCIATIVE THINKING ASSOCIATIVE THINKING
ASSOCIATIVE THINKING ASSOCIATIVE THINKING
ASSOCIATIVE THINKING ASSOCIATIVE THINKING
ASSOCIATIVE THINKING
ASSOCIATIVE THINKING
ASSOCIATIVE THINKING
ASSOCIATIVE THINKING
ASSOCIATIVE THINKING
ASSOCIATIVE THINKING
ASSOCIATIVE THINKING
ASSOCIATIVE THINKING
ASSOCIATIVE THINKING

联想思维

联想思维是设计者在创作过程由一事物的概念、方法、形象想到另一事物，并以此发散，表达为一种景观设计语言。联想思维方式常使设计和场地中诸多相距遥远的事物和概念，甚至毫无关系的设计元素产生密切的联系，使之在偶遇、交合、撞击中产生新的诗意般的设计。

ASSOCIATIVE THINKING ASSOCIATIVE THINKING
ASSOCIATIVE THINKING ASSOCIATIVE THINKING
ASSOCIATIVE THINKING ASSOCIATIVE THINKING
ASSOCIATIVE THINKING ASSOCIATIVE THINKING
ASSOCIATIVE THINKING ASSOCIATIVE THINKING
ASSOCIATIVE THINKING ASSOCIATIVE THINKING
ASSOCIATIVE THINKING ASSOCIATIVE THINKING
ASSOCIATIVE THINKING ASSOCIATIVE THINKING
ASSOCIATIVE THINKING ASSOCIATIVE THINKING
ASSOCIATIVE THINKING ASSOCIATIVE THINKING

美国国家 9·11 纪念公园

项目名称： National 9·11 Memorial
　　　　　 美国国家 9·11 纪念公园
项目地点：美国纽约
项目设计：PWP 景观建筑
项目时间：2011
项目概况：9·11 恐怖袭击之后，如何处理世贸中心的遗迹成为大众争论的焦点。最终美国政府决定在遗址上建造一座纪念馆，让人们在这里纪念逝者，表达对生命的敬重以及彰显灾难面前人类的勇敢与坚强。

设计师 Michael 曾在自家屋顶上亲眼目睹第二架飞机撞进世贸大厦的经过，这种恐怖景象以及事后美国人民的坚强给他的心灵造成了极大的影响，也给了之后纪念园的设计带来了灵感。他构思出两个巨大的空洞来撕开哈德逊河的睡眠，让水流奔涌进入这两个无尽的空洞。这两个空洞表达的是对生命永远失去的心痛和悲伤无助的感受。

Michael 在设计中强调"Reflecting Absence"（映现伤逝）这一概念，向不同国家，不同文化的人传达出对于 9·11 事件的缅怀。通过巨型空洞的符号语言让人联想到这是一段让人心痛的回忆，永远记住恐怖袭击对美国人民造成的伤害。

项目设计平面图 ▶

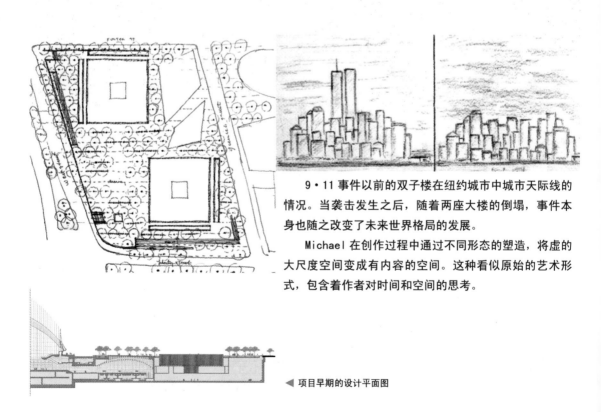

9·11 事件以前的双子楼在纽约城市中城市天际线的情况。当袭击发生之后，随着两座大楼的倒塌，事件本身也随之改变了未来世界格局的发展。

Michael 在创作过程中通过不同形态的塑造，将虚的大尺度空间变成有内容的空间。这种看似原始的艺术形式，包含着作者对时间和空间的思考。

◀ 项目早期的设计平面图

▲ 瀑布景观

　　设计师不仅仅是通过建造两个巨大的空洞，从尺度上给人以震撼，更是和流水结合，形成情感的表达——一种源源不断逝去的悲痛。另外，现代设计采用的硬质材料，区别于岩石、土地这些随时间流逝而损毁的材料，也体现出纪念的永恒。

▼ 空洞设计　　　　　　　　　　　　　　　　　　　　　　　　　▼ 老人在触摸青铜石板上的名字

▲人们在悼念罹难者

美国国家 9·11 纪念公园，它在设计上和越战纪念碑有异曲同工之妙，它们的设计语言是相似的。设计师将越战死亡战士的名字刻在一面剖光的黑色花岗岩材质的墙上。当人们凝望这些人名时，墙上映射出自己的身影。人名是死，倒影是生，生死在这一瞬的强烈反差，给人的震撼是巨大的。这是一种平凡而近人尺度的设计，它采用间接的方式还原了历史，使人们自发地回想过去，返归现实。在时空的穿梭中，唤起人们心灵的共鸣。

两个喷泉分别位于原来双子楼的位置，周围树木环绕。修建的喷泉是世界上最大的喷泉之一。有边长超过 170ft 长的人工瀑布，瀑布水帘沿花岗岩壁而下，落入 30ft 以下的映光池，然后再落到每个池中心的方形空穴内，池边的青铜护栏上刻有在恐怖袭击中遇难者的名字。 这个遇难者的铭板是整个纪念园的核心设计，它承载的是人们无比痛苦的回忆，是一道生与死的门槛。

立面图 ▶

创智公园

项目名称：创智公园

项目地点：中国上海市

项目设计：3GATTI

项目时间：2009

项目概况：上海创智公园，又名 Kiki 公园，位于上海市杨浦区伟德路创智坊的入口处，占地面积 1100m² 的项目定位人群为附近复旦大学和同济大学的学生。2009 年全面竣工开放以来，深受当地市民及大学生的喜爱。

互动存在于相关人员的行为与活动和诸如天气声音等自然因素对其的影响中。基于这个出发点，建筑师使用的造型手法和材料根据对象尺度的变化而变化。有些特殊的处理作为对特定文脉条件的回应而显得"独一无二"。

◀ 设计模型试验

景观设计师拥有室内设计以及家具设计的相关灵感，联想到翻折的木制地板与室内设计中的地毯互为相似事物，从而设想出一个翻折的木制地板体系。通过这种联想的思维模式，致力于应对整个方案中不可避免的各种功能，例如坐具、绿地、步道、公告栏等，用于渲染设计思路的形象特征。加上木质地板如同地毯，有机平铺与折叠，使得设计师从一个原生的、无个性的基本形式出发，最终创造出一个既个性化又具有原创性的结果，成为项目成功的关键。

◀ 游客在公园中休憩活动

该项目的主要材质——木材，既灵动又亲和，更加富有联想的思维模式所需要表达的特点，它会随时间老化而记录当时的自然条件。

木质的材料肌理 ▶

▲ 公园良好的穿行系统

▲ "地毯"细节处理

　　木板升起之处展现草地树木交织出的内部生态空间，以这种手段，建筑师预先定义了人们闲聚、休憩甚至进行滑板运动等的特定行为所需的场所。木平台、钢结构、砖墙、亚克力板等各种景观材料，组成了一块同时包容集会和私密并存的公共地毯，淋漓尽致地阐释出了联想思维的意义。

◀ 公园与临街的关系

"死亡"花园

项目名称：Les Fleurs Maudites
　　　　　"死亡"花园
项目地点：法国肖蒙城堡
项目设计：Lucien Puech、Charlotte Trillaud
项目时间：2013
项目概况：该项目属于每年一度的国际花园节中的临时性
花园景观。Lucien Puech 和 Charlotte Trillaud 两家设计
所合作，按照"七日的深重罪孽"的主题要求，设计了名
为"逝去的花园（死亡花园）"的景观。

　　设计师为表达主题，联想到设计一个密闭而又曲折的空间，游人在其中感到的并非舒适，而是一丝不安，暗含"七宗罪"的含义。设计施工中篱笆用钢铁丝制成，链式相连接在一起，由工匠一根根串接而成。游客和植物之间的这层阻碍反映了人类和自然之间永恒的隔离。

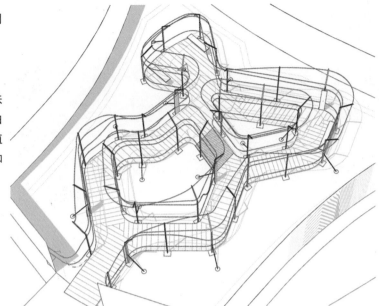

模型透视图 ▶

　　园中种有可以致人麻醉的、刺激人神经的危险植物，这些植物用网丝相隔开，以防对进入者构成伤害。花园用篱笆紧紧围住，内设蜿蜒的小径。各种小路像迷宫一样相互交错，终点处是一棵遍布荆棘的死亡之树。

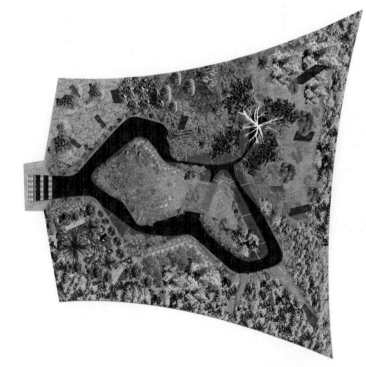

项目平面图 ▶

关于七宗罪

　　13世纪道明会神父圣多玛斯·阿奎纳列举出各种恶行的表现。天主教教义中提出"按若望格西安和教宗额我略一世的见解，分辨出教徒常遇到的重大恶行"。"重大"在这里的意思在于这些恶行属于原罪，例如盗贼的欲望源于贪婪。

▲ 外部桥面景观　　　　　　　　▲ 花园细部

　　自古以来，这些危险植物就帮助人类抵御各种不舒服、萎靡、痛苦等状态，它们给人类带来了安慰、舒服，营造了美好的日子，但它们自己却受到了人类各种不公正的对待，它们的命运是悲惨的——被隔离，被限制，被破坏。

迷宫一样的花园，游客徜徉其中，一片轮回的感伤。　　　　　　　　　　　　　　▲ 外部局部实景图

REVERSED THINKING REVERSED THINKING

REVERSED THINKING REVERSED THINKING

REVERSED THINKING REVERSED THINKING

REVERSED THINKING REVERSED THINKING

REVERSED THINKING

逆向思维

REVERSED THINKING

REVERSED THINKING

REVERSED THINKING

REVERSED THINKING

REVERSED THINKING

REVERSED THINKING

REVERSED THINKING

REVERSED THINKING

　　逆向思维是不同于顺序式的设计思考流程，而是逆向思考，敢于"反其道而思之"，让思维向对立面的方向发展，从设计需求或问题的相反面深入地进行探索，从而产生新的观点，创造出新的设计形象。对于某些设计而言，尤其是一些特殊现状或设计缺乏灵感的时候，从结论往回推，倒过来思考，从求解回到设计原点，反过去想或许会使问题简单化，更可能构思出意想不到的创意点。

REVERSED THINKING REVERSED THINKING

REVERSED THINKING REVERSED THINKING

REVERSED THINKING REVERSED THINKING

REVERSED THINKING REVERSED THINKING

REVERSED THINKING REVERSED THINKING

REVERSED THINKING REVERSED THINKING

REVERSED THINKING REVERSED THINKING

REVERSED THINKING REVERSED THINKING

"论道"展园

项目名称:"Taoism" Landscape Garden
　　　　　 "论道"展园
项目地点:中国青岛
项目设计: Runheng Group
项目时间:2014
项目概况:人与自然和谐相处是我们理想的生活状态,
润衡集团主导并建造了"论道"展园,由在欧洲和中
国工作多年的资深设计师陈丰和周艳阳主持设计。

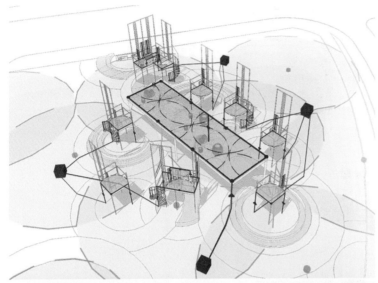

在空间的营造上：该展园大胆运用逆向思维的手法，以往日常生活中的长桌、高椅出现在室内场所中，但在新的场地中设计师将室内元素大胆地呈现在室外景观中，并将花毯融入到设计中，以大型的室内元素为空间分割点，塑造出四个层次，特点各异的园林空间，为观赏、活动的展开以及昆虫鸟类栖息提供和打造了一个立体的空中花园。表达了人与生物在环境中的平等。

◀ 抽象式的空间布置

在设计思维上："论道"展园改变景观设计常见的静态的、三维的视觉空间设计的思维模式，以记录和传播动态的事件为主旨，通过营造一种云水禅心的意境，继而创造一个人与人，人与事件，人与自然近距离、多维度、多视角和多方式沟通的绿色论坛。

 ◀ 效果图

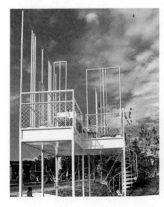 

◀ 夸张的白色座椅

▲ 意境的创造

▲ 植物微景观

▲ 夜景照片

利用回收的废旧金属材料构建挡土墙和保留的红色钢架极为协调，遵循了环保原则。乡土植物自然生长枯萎，给予景观带来色彩的变化。

　　高椅作为本展园的主要活动区，不仅是推广绿色科技的论坛区域，更是学术思想交流的园地。高椅上特别设计的空中立体花园灯光交错、鲜艳芬芳，既是览胜的风光台，更是亲近自然愉悦心灵的载体。我们可以在此品茗思静，享受大自然赋予我们的美好意境。

　　文化的表达有很多方式，展园采用了逆向的思维，形态上将传统家具夸张变形，改变家具作为事件的道具属性，而成为了某一事件发生的载体，让游园体验发生了颠覆性的改变，为思维表达提供了很好的思路。

◀ 模仿自然形态的景观构筑

Fragments 植物造景

项目名称：Fragments Plant Landscaping
　　　　　Fragments 植物造景
项目地点：法国亚眠
项目设计：GAMA 建筑设计室
项目时间：2014
项目概况：Fragments 作为亚眠 Hortillonnages 的代表植物，现在广泛地生长在水边的农业种植地，同时也成为花园的新宠成为陆上景观。

Fragments 往往成丛地生长，或漂浮在水上，或停靠在岸边。它们是 Hortillonnages 土生土长的植物，设计师为了表现区域的特质，创造性地将水生植物 Fragments 引入了陆地景观中，在场地的不同节点将 Fragments 倒置在空中，向人们展示当地乡土文化的特色。这一想法令观光者甚至当地游客倍感新奇，从而促使观光者对其更多地研究和欣赏。

◀ 有意思的座椅设计

◀ 不加雕琢的自然环境

观光者可以通过悬架的木板桥踏入这片纯天然的沼泽地，靠近它们细细观赏，还可以亲手为它们浇水。

◀ Fragments 在树上的运用

◀ Fragments 被成功地转移到地面上

木板桥上还设有座位，观光者可以在这里小憩，静静享受安静舒适的水上风景带来的喜悦。

▼ 观光者在公园中拍摄感受设计师独特的创意

最后的地板

项目名称：NET Z33
　　　　　最后的地板
项目地点：比利时哈瑟尔特
项目设计：NUMEN
项目时间：2011
项目概况：可以加深邻里关系的独特"人造景观"。

设计师希望在公共空间设置一个模糊的墙壁，用以联系院落，使居民可以走出他们的窗户。人们在上面不仅仅有飞行的感觉，还能体会后院这一概念——"所有人共享之处"。

◀ "地板"与建筑之间的关系

▲ 狭窄的入口

▲ 人们攀网而行

这一人造景观无疑可以加深邻里关系。在"最后的地板"上可以享受日光浴的喜悦。同时，这些网是多层、灵活、开放的。人们在其中攀登和探索，就像是社区中的主题雕塑或者一个超大的吊床。

FUNCTIONAL

功 能

　　功能性景观主要介绍的是以满足某一特定功能比如交通、运动等，或为了满足某一类人如儿童、康复的病人等特定人群为主要目的的景观项目。

　　功能性景观以独特的功能性为其最终目的，同时也作为设计创作的出发点，使设计变得更具有针对性和实用性；除此之外，在功能性景观中还要考虑艺术性，在满足功能性的要求后能够融入当地的特色文化、具有时代气息的元素，达到高度的观赏性；设计注重推陈出新，给人以全新的视觉感官体验。

　　功能性景观追求艺术与所要表达的功能相统一，常常结合不同功能的需求来创造性地组合千变万化的形式，在满足功能的同时给人以丰富的景观体验。

ICTIONAL FUNCTIONAL FUNCTIONAL FUNCTIONAL
ICTIONAL FUNCTIONAL FUNCTIONAL FUNCTIONAL
ICTIONAL FUNCTIONAL FUNCTIONAL FUNCTIONAL
ICTIONAL FUNCTIONAL FUNCTIONAL FUNCTIONAL
ICTIONAL FUNCTIONAL FUNCTIONAL FUNCTIONAL
ICTIONAL FUNCTIONAL FUNCTIONAL FUNCTIONAL
ICTIONAL FUNCTIONAL FUNCTIONAL FUNCTIONAL
ICTIONAL FUNCTIONAL FUNCTIONAL FUNCTIONAL
ICTIONAL FUNCTIONAL FUNCTIONAL FUNCTIONAL

ICTIONAL FUNCTIONAL FUNCTIONAL FUNCTIONAL
ICTIONAL FUNCTIONAL FUNCTIONAL FUNCTIONAL
ICTIONAL FUNCTIONAL FUNCTIONAL FUNCTIONAL
ICTIONAL FUNCTIONAL FUNCTIONAL FUNCTIONAL
ICTIONAL FUNCTIONAL FUNCTIONAL FUNCTIONAL
ICTIONAL FUNCTIONAL FUNCTIONAL FUNCTIONAL
ICTIONAL FUNCTIONAL FUNCTIONAL FUNCTIONAL
ICTIONAL FUNCTIONAL FUNCTIONAL FUNCTIONAL

TRAFFIC CHARACTER TRAFFIC CHARACTER
TRAFFIC CHARACTER TRAFFIC CHARACTER
TRAFFIC CHARACTER TRAFFIC CHARACTER
TRAFFIC CHARACTER TRAFFIC CHARACTER
TRAFFIC CHARACTER TRAFFIC CHARACTER
TRAFFIC CHARACTER TRAFFIC CHARACTER
TRAFFIC CHARACTER

交通

TRAFFIC CHARACTER

TRAFFIC CHARACTER

TRAFFIC CHARACTER

TRAFFIC CHARACTER

交通景观在这里不仅仅指以解决城市交通为目的的道路景观，而是通过其独特的创意形式表现一种全新的城市景观，成为区域景观的重要一部分。这类景观往往会汲取当地自然、人文、地理环境因素来划分空间，紧密地与城市互动，彰显当地文化特色。

TRAFFIC CHARACTER

TRAFFIC CHARACTER

TRAFFIC CHARACTER TRAFFIC CHARACTER
TRAFFIC CHARACTER TRAFFIC CHARACTER
TRAFFIC CHARACTER TRAFFIC CHARACTER
TRAFFIC CHARACTER TRAFFIC CHARACTER
TRAFFIC CHARACTER TRAFFIC CHARACTER
TRAFFIC CHARACTER TRAFFIC CHARACTER
TRAFFIC CHARACTER TRAFFIC CHARACTER
TRAFFIC CHARACTER TRAFFIC CHARACTER
TRAFFIC CHARACTER TRAFFIC CHARACTER

藤谷

项目名称：Twisted Valley
　　　　　藤谷
项目地点：西班牙阿利坎特埃尔切
项目设计：Grupo Aranea
项目时间：2009
项目概况：Grupo Aranea 在西班牙的埃尔切地区的谷地——"藤谷"（其中一些区域深达 40m）设计了一套路径系统，使得人们从城市前往高质量环境区域更加容易。这套纵横交错的路径系统适应谷地的地形和各种复杂性，让人们上下坡变得轻松。

关于 Grupo Aranea

Grupo Aranea 是 1998 年在西班牙的阿利坎特创建的一个由建筑师、工程师、景观设计师、艺术家、生物学家和社会学家共同组成的多学科联合的团队。Grupo Aranea 有一个目标就是通过收集各种不同的作品并且介入一种激励机制去创建一个国际合作网络。

▲ 以藤条为联想设计的效果图

西班牙"藤谷"是专为西班牙埃尔切市联合国教科文组织世界遗产设计的城市公共开放空间,公园总跨度为 4km,沿岸 60ha。网络状的设计延伸至市中心,紧密地连接了维纳洛玻河谷,有效地填补了退化区域。设计主题汲取了藤条错综缠绕的自然长势,紧密地与城市互动来划分空间,用以公共、文化和商业用途。

◀ 项目与城市空间的关系

◀ 项目模型

▲ "藤谷"的道路空间

▲ 儿童在进行轮滑

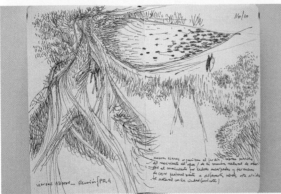

◀ 项目设计草图

路径的入口避免与城市产生正交关系，蜿蜒柔和的路径划过山坡，提供了舒适的路线，并向谷地的 Vinalopó 河表达了尊重，混凝土道路与河床各司其职，通过共同的材料演绎整体统一抽象的途径。

当在一次采访中被记者问到早期草图的设计思维时，Francisco Leiva 告诉我们，通常他的图纸并不和最终的建筑发生直接的关系。长时间以来他都迷恋新的自然形态，期望它们独立存在的同时又对周遭产生密切的影响。至于怎么设计桥的形式，答案是主动的一次又一次的反复绘制，即便建设工作已经开始也不停息，每一棵树都会被耐心对待。绘制草图是建筑项目中的一个过程。

而对于桥的结构，他告诉我们桥是简单的、浮动的路径。如河流般流淌于坡地、越过河渠、交织在山谷路径中。这些桥通过 Y 形结构极好地融入路网中，并自然而然毫不突兀地从空中越过，让使用者比如每天在这里训练的运动员不需要进行多余的跨越。低维护的经济型路径具有大而清晰的跨度，这种造型的截面为 U 型，栏杆和路面在这里成为一个整体，皆是通过一次浇筑混凝土而得到，而这样的抽象造型，十分接近他们最初对浮动道路的预想。

▲ 现场施工照片

巴斯克广场

项目名称：Plaza Euskadi
　　　　　巴斯克广场
项目地点：西班牙毕尔巴鄂
项目设计：Balmori Associates
项目时间：2008
项目概况：巴克斯广场联系着 19 世纪毕尔巴鄂城与新毕尔巴鄂城、狄乌斯托大学、古根海姆博物馆以及
Nervión 河。广场可以看成一个容纳各种元素的要点，并被美术馆、历史悠久的住宅楼、大学建筑，还有
各名家设计的商场、酒店、摩天楼等建筑所包围。广场中心流畅的路径汇聚了来自四面八方的动能。

关于 Diana Balmori

Diana Balmori 是一名西班牙裔的美国景观设计师，美国 ASLA 资深会员。同时也是耶鲁大学的教授。
1990 年她成立了致力于景观与城市实践的 Balmori Associates。她认为景观首先应该是一门艺术，并于
2006 年在她的事务所设立了实验室，探寻景观形式、表现、景观对城市功能等方面的课题。

▲ 广场中的无背靠椅

该项目虽然是广场设计，但是主要的功能则是联系周边的各个区域，在这个广场中有一条直接通向对面的中央道路的捷径，并且延伸至整个区域，并将所有区域缝制到一起，在绿树成行的椭圆道路的外围是一个环形道路，可供人们行走，同时人们也可以在路边悠闲地小坐。

这个广场中有三个口袋形休憩空间位于中央道路的一侧，是由再生橡胶做成的好玩的座位。每个口袋都有不同的特点：一个反射座位的圆形剧场部分，一个是无背长椅部分，和一个入口种植着花、灌木和一个100岁的Laegostremia树的"花园"部分。

巴斯克广场成为了周边区域的纽带缓冲了城市中的道路压力，并且给人们提供了休憩的空间。

◄ 用再生橡胶做成的座位

史密斯溪人行天桥

项目名称：Smith Creek Pedestrian Bridge
　　　　　史密斯溪人行天桥
项目地点：美国弗吉尼亚州
项目设计：LAB 建筑师设计事务所（design/build LAB）
项目时间：2013
项目概况：这个项目位于经济拮据的弗吉尼亚州福吉克利夫顿铁路镇，桥体位于一个公园和一条小溪旁，弯曲的桥跨越小溪，克服地形高差，联系公园与附近新建的剧院。小桥提供坡道和台阶两种路径，结构优雅，造型轻盈，在绿树的掩映下拥有恰当的存在感。

关于 design/build LAB

　　design/build LAB 是在弗吉尼亚理工大学为了让学生基于项目体验式学习研究的建筑设计工作室，这个工作室注重创新展示施工方法与建筑设计方法，并且让学生参与其中使他们与行业专家结合当地社区来完成一系列的建筑作品，在本质上是实现教育实践和慈善结合。这样的体系让学生获得了必要知识，同时他们的努力也为贫困社区的发展增添了一份力量。

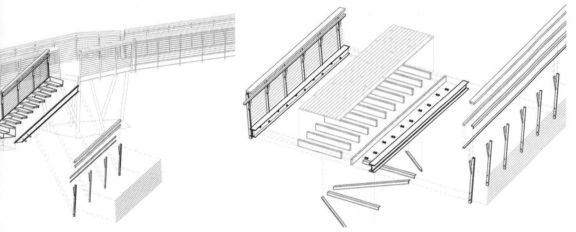

▲ 桥梁的构造图

　　项目是可持续的。四个主材分别是：混凝土、钢结构、白橡木、金属外皮复合板。混凝土作为地基，钢结构支撑着桥梁，其中钢结构采用螺栓固定而非焊接，这使得桥梁更容易组装，并在以后还能回收利用。桥面采用了 10km 以内产出的白橡木，同时也使用了一部分回收木材。回收的各种金属复合板被用在露天剧场的外表上，这些金属形成斑驳的独特外观。

桥梁为混凝土基础，钢结构支撑 ▶

◀ 造型优雅轻巧的桥体

　　桥体位于一个公园和一条小溪旁，弯曲的桥跨越小溪，克服地形高差，联系公园与附近新建的剧院。小桥提供坡道和台阶两种路径，结构优雅、造型轻盈，在绿树的掩映下拥有恰当的存在感。除了桥，公园还有几个大草坪、一些小花坛、树阵、露天剧场等主要元素。

SPORT CHARACTER SPORT CHARACTER
SPORT CHARACTER SPORT CHARACTER
SPORT CHARACTER SPORT CHARACTER
SPORT CHARACTER SPORT CHARACTER
SPORT CHARACTER SPORT CHARACTER
SPORT CHARACTER SPORT CHARACTER
SPORT CHARACTER SPORT CHARACTER
SPORT CHARACTER SPORT CHARACTER
SPORT CHARACTER SPORT CHARACTER

运动游戏

SPORT CHARACTER
SPORT CHARACTER
SPORT CHARACTER
运动游戏类景观是设计一系列的运
动空间来满足人们的运动需求，它不单
单是一处运动场地，更是使公园与运动
娱乐场地融合，增强人们生活的乐趣，
满足人们生活需求的社区的活力点。

SPORT CHARACTER
SPORT CHARACTER
SPORT CHARACTER
SPORT CHARACTER
SPORT CHARACTER

SPORT CHARACTER SPORT CHARACTER
SPORT CHARACTER SPORT CHARACTER
SPORT CHARACTER SPORT CHARACTER
SPORT CHARACTER SPORT CHARACTER
SPORT CHARACTER SPORT CHARACTER
SPORT CHARACTER SPORT CHARACTER
SPORT CHARACTER SPORT CHARACTER
SPORT CHARACTER SPORT CHARACTER

莱姆维滑板公园

项目名称：Lemvig Skatepark
　　　　　莱姆维滑板公园
项目地点：丹麦莱姆维
项目设计：EFFEKT
项目时间：2013
项目概况：该项目是一个以"滑板"加"公园"为主题的综合性公园项目，被打造成为一个新型的、可适应不同年龄段市民各种需求的多功能城市公园区，是一个受欢迎的新社会空间。

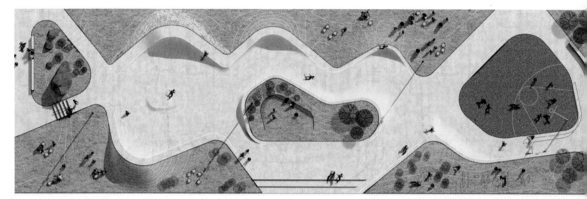

▲ 滑板公园平面图

　　这个海港原来是一个丧失海事活动的废弃海岸。按照设计师的预想滑板公园与城市公园相融合，将会吸引各种年龄段和兴趣的民众，这样这个公园将成为转变废弃海港的催化剂，并且重新吸引资产，来振兴莱姆维市的海港。

　　在 2013 年的春天，莱姆维市的市民们希望把没有娱乐设施的城市改变成为一个休闲娱乐的区域。EFFEKT 与不同用户群体的代表密切合作商讨如何发展一个新型的城市区域，最后双方达成一致，建成了一个能够提供一系列的多功能特色和多种娱乐类型的滑板公园 + 城市公园的场所。公园创造了一个新的社会区域，整个地区坐落在美丽的环境中，吸引了很多滑板爱好者和家庭。

　　项目一开始 EFFEKT 团队就遇到了麻烦，他们需要在公园和滑板场地之间做一个融合，而非将灰黑色的粗糙地面硬生生地搬入一个周围都是绿植的花园式场地；要将单一的适合滑板的地面材料融合进一个更大的社区活动中心内，最终他们决定采用混合型重力平台作为地板设计方案，这种地板不但可以满足滑板这项体育休闲运动的需要，同时也可以在上面从事其他一些体育休闲活动，可谓是一举多得。

▼ 滑板公园功能分布

▲ 人们在享受着滑板带来的乐趣

从一开始，EFFEKT 就知道，随着当地捕鱼业逐渐地衰退落后，通过滑板公园的建设，这片区域可以从灰色、黑色和铁锈色中脱颖而出，成为该地区的重要组成部分，他们设计的混合动力平台，将可以容纳众多的社交和娱乐活动。

莱姆维滑板公园建成后吸引了大批的滑板爱好者和喜欢运动的人群，给这片区域带来了生机，同时也加快了这片区域的经济发展。

滑道细节与草坪的关系 ▶

博士山花园多功能区域

项目名称：Box Hill Gardens
　　　　　博士山花园多功能区域
项目地点：澳大利亚墨尔本
项目设计：ASPECT Studios
项目时间：2011
项目概况：该项目作为社区公共绿色空间和多种体育和娱乐活动的场地，利用充满活力的图形，重新定义
了游乐区和日益增长的社区需求，成为一个具有标志性而又活泼的地点。

▲ 项目平面图

　　白马市政府委托 ASPECT Studios 在 Box Hill 花园中打造出一片综合性多用途的使用空间。空间的前身是网球俱乐部的网球练习场地，因此改造后的空间需要继续拥有这一功能。景观设计师在整个用地上建立起一条一公里的田径跑道，田径场中有保留的网球练习场，新增的篮球场、乒乓球台、座椅、绿岛以及其他多样化的功能区。场地用色鲜艳活泼，充满活力和吸引力。

◀ 多功能区域中的乒乓球场地

▲ 项目中的跑道

▲ 被改造后的公厕

▲ 休憩空间中的铺装

部分会所被保留，休息平台也被再利用。新的厕所位于翻新的墙后。该项目作为社区公共绿色空间和多种体育和娱乐活动的场地，利用充满活力的图形，重新定义了游乐区和日益增长的社区需求，成为一个具有标志性而又活泼的地点。

为了适合孩子的审美需求，场地用色鲜艳活泼，充满活力和吸引力。

丹麦哥本哈根青少年运动场

项目名称：Plaza At København Arena
　　　　　丹麦哥本哈根青少年运动场

项目地点：丹麦哥本哈根

项目设计：Opland Landskabsarkitekter

项目时间：2011

项目概况：该项目建成之后成为了哥本哈根的公共城市空间，它包括哥本哈根体育场、哥本哈根幼儿中心和哥本哈根公共浴池。设计师将道路、停车场和广场简洁自然地分隔开，使得人们骑自行车、驾车、步行都可以轻松到达。

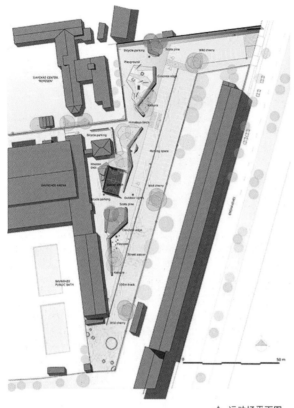

▲ 运动场平面图

广场的整体设计包括一个多边形的边缘领域，它由混凝土构件、木质平台、整齐的植物床、黑暗的路面铺装组成。边缘领域的设施有着休闲活动和体育运动的功能，它们的材料和色彩与整个广场相协调，表达了一个连续而坚固的空间。

多边形混凝土构件和木质平台形成一系列连续的空间元素，同时提供了场地的功能设施如滑冰场、休息设施以及植物保护设施等，这些也为停车场创造了一个自然的物理屏障。在幼儿中心前面，起伏的橡胶铺面这种俏皮的景观元素为孩子们提供了自由的活动场所。

▼ 运动场边的小品

▼ 运动场的跑道

▲ 滑板爱好者在水泥构筑的障碍上练习滑板

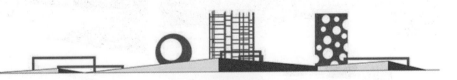

从运动场的立面图可以看出整个场地是由各种器械衔接组成的。

THERAPEUTIC EFFECT THERAPEUTIC EFFECT
THERAPEUTIC EFFECT THERAPEUTIC EFFECT
THERAPEUTIC EFFECT THERAPEUTIC EFFECT
THERAPEUTIC EFFECT THERAPEUTIC EFFECT
THERAPEUTIC EFFECT THERAPEUTIC EFFECT
THERAPEUTIC EFFECT THERAPEUTIC EFFECT

疗愈

THERAPEUTIC EFFECT
THERAPEUTIC EFFECT
THERAPEUTIC EFFECT
THERAPEUTIC EFFECT
THERAPEUTIC EFFECT
THERAPEUTIC EFFECT
THERAPEUTIC EFFECT
THERAPEUTIC EFFECT

疗愈景观是能够帮助疗养人员消除疲劳，消除紧张情绪，调节心理，提高免疫功能，改善睡眠质量等具有治疗作用的景观。疗愈景观具有很强的针对性，针对不同治疗人群设计不同的空间类型，选配不同的植物，进行不同的颜色搭配，并以此来改善他们的身体状况。

THERAPEUTIC EFFECT THERAPEUTIC EFFECT
THERAPEUTIC EFFECT THERAPEUTIC EFFECT
THERAPEUTIC EFFECT THERAPEUTIC EFFECT
THERAPEUTIC EFFECT THERAPEUTIC EFFECT
THERAPEUTIC EFFECT THERAPEUTIC EFFECT
THERAPEUTIC EFFECT THERAPEUTIC EFFECT
THERAPEUTIC EFFECT THERAPEUTIC EFFECT
THERAPEUTIC EFFECT THERAPEUTIC EFFECT
THERAPEUTIC EFFECT THERAPEUTIC EFFECT

日本宝冢太阳城疗养院景观

项目名称：Japanese Takarazuka Sun City Nursing Home Landscape
日本宝冢太阳城疗养院景观

项目地点：日本大阪

项目设计：SWA

项目时间：2011

项目概况：宝冢太阳城疗养院位于日本大阪市郊的一个高级住宅区，是一个新建的持续性关爱老年人社区。共 300 个单元的三层建筑围合出几个内部庭院景观。

关于 SWA

SWA 景观设计公司于 1957 年创立，分支机构遍布美国各地。SWA 作为全球最重要的景观建筑、城市设计和规划事务所之一，他擅于提供巧妙处理用地、环境和城市空间的规划设计方案，以及为客户创造与众不同的场所。

▲ 疗养院的建筑与景观

该疗养院是由 300 个单元的三层建筑围合出几个内部庭院景观。通过修建地下停车场节省了许多空间，SWA 巧妙地利用高差来解决高度限制，并将建筑以阶梯状排布使之和谐地融入周围的社区。项目场地的西边树木繁茂，为场地提供了天然屏障，同时也成为一个供社区使用的公园，是该项目的配套设施。

◀ 疗养院建筑围合而成的庭院景观

住宅和公共空间建筑布局结构是围绕 5 个庭院进行的。入口和喷泉庭院按进入的先后顺序成轴向排列，在主题和感官上都有联系。水流为两个庭院增加了动感和光的变化，这个项目展示了过往水文学是如何经过重新的整合与当代建筑风格融为一体的。

◀ 疗养院中的水景观

该场地之前是个运动中心，地块的大小和周围的环境为建造一个低容积率的设施提供了便利，与平常不同，它不是以建筑为主的。除一个树木丛生、带陡坡的狭长地带作为屏障将场地与上方另一大型公寓项目隔开外，其余场地都由独栋与多栋住宅围绕。这块树木繁茂的边缘地带被改造为一个可供整个社区使用的公共休憩公园和绿色园路。

▲ 疗养院中的休憩区域

宝冢太阳城是一个考虑周密且适应性强的场地再利用的案例。该场所具有老年疗养设施功能的同时提升了周围的居住环境——将经保护的森林小径设计成一条带有翻新照明设施与座椅的公共通路，改善了行人通道，而无需增加额外的交通和大笔的社区资源投入。该场地坚固的设计和建造，将在未来的岁月里将能为数代人服务，提高他们的生活质量。

▼ 疗养院的水体景观

关于疗养院景观

日本有 20% 的人口是 65 岁以上的老年人，对高品质老年住宅社区的需求越来越大。宝冢太阳城疗养院 80% 的客户群体来自于疗养院周围半径 10km 范围内，大多数客户放弃了自家独门独户的房子和私人花园，来这个公共居住地享受 24 小时的服务和照顾。疗养院让住户与他们的家庭和熟悉的环境之间可以保持紧密的联系，同时又可以生活在一个充满关爱的、相互尊重的环境之中。

余兆麒健康生活中心

项目名称：SK Yee Healthy Life Centre
　　　　　余兆麒健康生活中心
项目地点：中国香港
项目设计：吕元祥建筑师事务所
项目时间：2014
项目概况：吕元祥建筑师事务所以"绿色脉搏"为主要设计概念，将一座医院大楼的荒废天台，改造成低碳绿化的健康空间。设计者把重心放在使用者身上，从病人的角度出发，将医疗建筑变为另类的健康疗愈空间。

在有限的空间内，建筑师不忘以人为本的初衷，从患者角度出发的细部处理足见心思，成功为复康病人营造一所集家居、庭园与游乐场为一体的另类健康中心。让长期病患者在漫长的复康路上，除接受专业辅导之外，多享受户外的绿意与蓝天，从轻松的氛围中舒减病患的压力。

从绿化天台到绿化墙，皆可见建筑师锐意打造一个绿意满溢的健康中心的决心。超过 57% 的高度绿化比率，一方面有助隔热降温，减低空调负荷，另一方面优化旧医护大楼环境，为病人提供一个低碳自然、舒适零压力的复康建筑。

◀ 绿色屋顶和墙壁成为一条靓丽的风景线

▼ 项目平面效果图

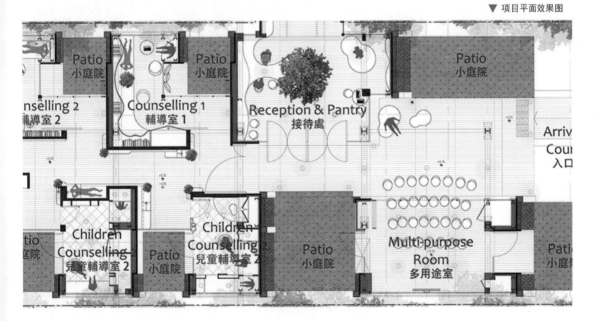

▲ 绿色屋顶和绿色墙壁融为一体

　　丰富多变的建筑结构，令中心百分百天然采光和通风。穿堂风设计大大改善室内空气质量，并且创造了健康舒坦又不失庄重的绿色空间，间接增加了额外的低碳效益。

▼ 内部与小花园相连，获得新鲜空气与光线

项目完美地展示了可持续发展建筑对专业医护人员和复康病人的重要性，也为健康生活中心的建筑设计展开了新的一页。医护人员自起始参与项目，提供意见，协助建筑师打造宁谧轻松的自然氛围，以缓和病者情绪。

天井与屋顶的通道设计 ▶

沉浸在阳光与新鲜空气中，拥有开放式氛围的室内环境有助于减轻患者的焦虑。

与花园联系的室内 ▶

墨尔本皇家儿童医院

项目名称：Royal Children's Hospital
　　　　　墨尔本皇家儿童医院
项目地点：澳大利亚墨尔本
项目设计：Kristen Whittle,Ron Billard
项目时间：2011
项目概况：墨尔本皇家儿童医院不同于常规医院的设计，首先它是一家儿童医院，设计团队抓住这一主题设计成了像游乐场一样的儿童医院，不论是材料、色彩还是器械上都考虑了设计对象是儿童这一要素，使这家医院看上去没有那么冷冰冰，而是充满了童趣和活力。

HKS 儿童医疗设施设计总监 Ronald W. Dennis 说："这是一座世界级的医院，提供高质量的照顾和治疗环境，满足患儿、家属和员工的需求。交互式的操场、两层楼的珊瑚礁水族馆、一座科学园、一座剧院（上映最新影片）和一座充满幻想的星光屋。这些都是吸引孩子们的独特场所。"

儿童游戏的设施 ▶

在一处建筑物围合的空间中以儿童为视角设计了庭院式的特色景观，波浪式的草坪上安放着孩子们用的游戏设施，这些设施设计都避免了尖锐的形状，让生病的孩子可以尽情地玩耍游戏，色彩上也采用了鲜艳的颜色吸引孩子们展开户外活动。

庭院式的景观空间 ▶

▼ 景观俯瞰图

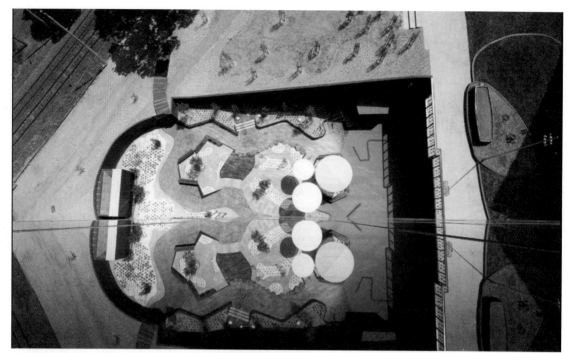

▲ 景观空间的顶视图

值得一提的是它的室内设计，无论是活动室、手术室，还是病房的设计从色彩空间上都进行了精心的设计，对孩子来说有一种亲切感。

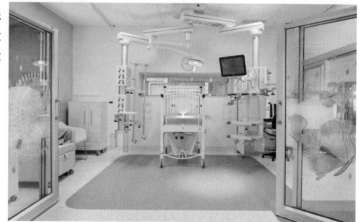

儿童医院的室内空间 ▶

CHILD CHARACTER CHILD CHARACTER
CHILD CHARACTER CHILD CHARACTER
CHILD CHARACTER CHILD CHARACTER
CHILD CHARACTER CHILD CHARACTER
CHILD CHARACTER CHILD CHARACTER
CHILD CHARACTER CHILD CHARACTER
CHILD CHARACTER

儿童游憩

　　儿童游憩景观是从景观建设的材质、颜色、设施的形状各个方面的角度出发专门针对儿童这一特定群体设计的景观。儿童景观通过新颖、细腻的空间和丰富、多彩的颜色，去吸引儿童参与其中，更加重要的是这类景观要更多地考虑儿童使用的安全性以及景观本身所具有的教育意义。

CHILD CHARACTER CHILD CHARACTER
CHILD CHARACTER CHILD CHARACTER
CHILD CHARACTER CHILD CHARACTER
CHILD CHARACTER CHILD CHARACTER
CHILD CHARACTER CHILD CHARACTER
CHILD CHARACTER CHILD CHARACTER
CHILD CHARACTER CHILD CHARACTER
CHILD CHARACTER CHILD CHARACTER
CHILD CHARACTER CHILD CHARACTER

悉尼达令港城市广场

项目名称：Sydney Darling Harbour Urban Square
　　　　　悉尼达令港城市广场
项目地点：澳大利亚悉尼
项目设计：ASPECT 工作室
项目时间：2011
项目概况：达令港城市广场是由澳大利亚景观设计公司 ASPECT 工作室设计完成的，里面包含了开放公园，咖啡馆、餐馆、酒吧、六星级绿色商业建筑，以及一个新型的儿童游乐场。场地中超过 4000m² 的以互动式水体景观为主题的儿童游乐场位于悉尼核心的中央商务区，是整个城市广场的核心。

达令港城市广场成功地打造了南北向、东西向两条人行走廊，连接起市中心、唐人街和海扇湾。城市居民和游客可以沿街购物、观光、品尝美食，尽情享受休闲生活。这两条人行走廊也组成了公共空间规划设计的主要框架。另一关键点是让城市公共绿地空间更好地为家庭活动服务，促进城市居民间的交流互动，进而使整个社会更为和谐，更有凝聚力。

▲ 达令港城市广场鸟瞰图

▲ 达令港城市广场平面图

▼ 项目广场上的儿童游乐场

城市广场的游乐场是一个独具特色、富含挑战、互动创新的游戏空间。设计从达令港的工业历史出发，通过抽象的艺术形式，在游乐场再现澳大利亚各大河流的景象。

▲ 水螺旋

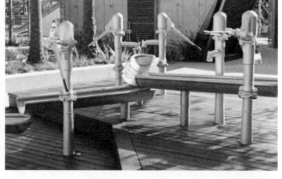

▲ 抽水游戏

▲ 挖沙坑用的儿童设施

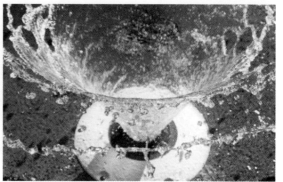

▲ 水花喷泉

　　本项目广泛使用了从德国引进的制作精美的儿童水上游乐器材,这些器材在澳大利亚境内被首次使用。水闸、水泵、螺旋水斗,这些最先进的器具可以让小朋友们全程控制水的流动。水流通过水渠注入一个个游戏空间,这些空间都是由混凝土打造的,极具雕塑感。同步喷泉、开关、水闸门、水轮、光滑的大石头,所有的设施都是为了让小朋友们能尽情地探索与享受这个精彩的水世界,并不断创造属于自己的新的游戏。

　　水乐园中还有一个"旱"的游乐园,由大沙池、滑道、攀爬网、大型的滑梯等组成,可以供多个家庭尽情游戏。游乐园四周设有各种功能设施,以及阳光露台咖啡座、遮阴廊架、户外剧场大台阶休息区,让父母、照顾小朋友的阿姨们都可以参与到这个不设围栏的欢乐园中来。

▲ 木板饰面的儿童游乐场休息亭

▲ 儿童游乐场夜景

达令城市广场的设计十分注重社会与生态的可持续发展。充分考虑雨水的过滤与回收利用，过滤后的雨水被收集到一个 30 万 L 的雨水箱里，供整个场地的灌溉和造景之用。柱灯选用当前最先进的节能灯，不仅创建了奇妙的夜景氛围，而且可以通过照明控制系统调节亮度，实现了比达令港其他区域减少 60% 耗电量的节能目标，取得社会经济和环境效益的双赢。

此次设计方案设定一个强调景观品质和高度可持续发展的原则，不仅升级了原有的地面铺装材料、重新布置了休息设施及景观照明，就连原有的园林植物也进行了重新的设计。总的来说，达令港城市广场的建设在很大程度上加强了海滨区域和城市中心的联系，也使达令港焕发了新的生机。

法国阿尔福维尔儿童游乐场

项目名称：French Alfortville Children's Playground
　　　　　法国阿尔福维尔儿童游乐场
项目地点：法国阿尔福维尔
项目设计：Espace Libre
项目时间：2014
项目概况：阿尔福维尔儿童游乐场通过对儿童教学以及其空间感知的分析和研究建造的一个儿童专业空间。
面积大概是 1900㎡，而且计划了每一个细节。该项目建成之后能够让孩子置身于令人兴奋的环境中，受到
了广泛的好评。

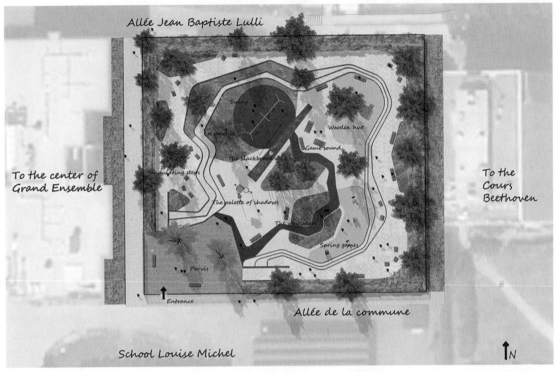

Allée Jean Baptiste Lulli

To the center of Grand Ensemble

To the Cours Beethoven

Allée de la commune

School Louise Michel

N

▲ 项目平面草图

　　该空间分为 3 部分：空地、成人的高地区以及孩子的中心区域。该地区的地形包括大量的小海拔区域（红色台阶、斜坡、低地）；对比的材料（混凝土、松软的土壤、沥青、草）；颜色（红色、米色、蓝色、绿色、棕色等）；不同变化的质地（坚硬的、凸起的、毛状的）。

▼ 成人的高地区

▼ 家长在近距离照看

最开始要建造一个多样性的区域，但是后来改成建造了一个游乐场。现在，阿尔福维尔是适用于儿童的最大公共娱乐空间中的一个，也促使了这种类型空间的发展。为了能使孩子接触到空间的所有元素：土地、植物、灯光、气味、颜色、声音，游乐场使用了能发出嘶嘶声音的装置以及透明灯，还有一个有不同感觉的植物园，很有特色。

▲ 孩子们在地板上画画

▲ 游乐园里多样的娱乐设施（1）

▲ 游乐园里多样的娱乐设施（2）

布莱克斯兰河畔公园

关于 JMD

JMD 是一个以建筑设计与景观规划为重点的创新型设计团队,这个团队中有建筑设计、城市规划、景观恢复以及植被管理计划诸多部门,在他们很多的作品中都加入了环保与可持续发展的理念。

项目名称:Blaxland Riverside Park
布莱克斯兰河畔公园
项目地点:澳大利亚悉尼
项目设计:JMD Design
项目时间:2012
项目概况:该公园是悉尼奥林匹克公园景观的重要组成部分,整个娱乐场地由一个长 200m、高 3m 的地形及其形成的锥形空间组成,公园大草坪的南端也设计了停车场和一些公共基础设施,这些都和被称为哈格里夫斯总体规划中的轴线相连接。

▲ 公园中特色隧道滑梯

　　JMD 注重地形设计，隧道滑梯半隐半现于地势较为陡峭的山坡处，其他娱乐设施如攀爬网、秋千、沙炕和一个可容纳 170 个喷泉的水景广场都建造于此。隧道、围栏和水景，有的平静，有的热闹，是一处动静皆宜的娱乐场所。从巴拉玛打河畔（Parramatta River）一个高 12m 的树屋上可以俯瞰整个娱乐场。

▲ 公园中的喷泉

▲ 公园中的观景设施

▲ 孩子们在荡秋千

▲ 公园中的游戏设施

▲ 公园中的休憩设施

　　河畔公园新的娱乐场地尽可能地利用了现有地形，设计了各种娱乐设施和游戏元素来吸引附近家庭到公园休憩玩耍。同时，公园大草坪的南端也设计了停车场和一些公共基础设施。

FUNCTIONAL SHIFT FUNCTIONAL SHIFT
FUNCTIONAL SHIFT FUNCTIONAL SHIFT
FUNCTIONAL SHIFT FUNCTIONAL SHIFT
FUNCTIONAL SHIFT FUNCTIONAL SHIFT
FUNCTIONAL SHIFT FUNCTIONAL SHIFT
FUNCTIONAL SHIFT FUNCTIONAL SHIFT

功能转变

功能转变指在原有场地的功能进行重新规划设计后赋予其新的功能，其核心是保留原有场地的特征和特色，并加以利用和修饰，变成全新的景观场景。目前这类项目以工业、矿山、废弃地景观更新为主。项目重视可持续与生态交流。

FUNCTIONAL SHIFT FUNCTIONAL SHIFT
FUNCTIONAL SHIFT FUNCTIONAL SHIFT
FUNCTIONAL SHIFT FUNCTIONAL SHIFT
FUNCTIONAL SHIFT FUNCTIONAL SHIFT
FUNCTIONAL SHIFT FUNCTIONAL SHIFT
FUNCTIONAL SHIFT FUNCTIONAL SHIFT
FUNCTIONAL SHIFT FUNCTIONAL SHIFT
FUNCTIONAL SHIFT FUNCTIONAL SHIFT
FUNCTIONAL SHIFT FUNCTIONAL SHIFT
FUNCTIONAL SHIFT FUNCTIONAL SHIFT

高线公园二期

项目名称：Section 2 of the High Line Park
　　　　　高线公园二期
项目地点：美国纽约
项目设计：James Corner Field Operations、Diller Scofidio＋Renfro、Buro Happold
项目时间：2011
项目概况：高线公园二期从西20街到西30街，横跨了10个街区，其鲜明的特点为宽度较窄（通常是在30ft宽左右）和直线线性关系（10个线性块）。在设计的整个过程中强调通过一系列有特色的序列空间，营造出丰富的体验观感。

纽约高线公园是由一条废弃高架铁路改造的城市公共空间。公园将各街区联系起来，为城市绿化树立了新的标杆。它创造了一种审视城市的新视角，是创新设计和可持续设计的代表性图标，对其他城市的景观设计具有启示性意义。它向人们证明景观能对城市生活的质量带来巨大改变。

从设计的一开始，高线公园面临着如何利用和改造废弃铁轨的问题，即将原有高线铁路的功能转化为城市公园。最终建成的高线公园是一个悬浮于空中的公园，就像缠绕在建筑半腰的绿色缎带。公园的存在并未阻断城市东西向的联系，且自然而然形成了人车分层的立体交通模式。

◀ 高线公园鸟瞰图

公园建设期间，铁轨都被移走，经过防水等多道工艺处理后，绝大多数又被放回原位，和周边要素结合在一起：在大部分地区，铁轨和植物交织在一起，保持高线公园废弃阶段的景观原状；在与主通道交界处，混凝土模块相互分开，与铁轨指状相交，形成柔性界面；在主通道上，特意将部分铁轨保留并嵌入，形成独特的铺装效果；细部设计中，沙滩躺椅安装了小铁轮，放在铁轨上，模拟隆隆启动的火车。

废弃的铁轨与植物融合在一起 ▶

人们从切尔西草地的草原式景观向北行走会来到由开花灌木和小树构成的茂密植被区，这是高线公园二期工程的起始段（位于 20 街和 22 街中间）。二期沿线一系列特色鲜明的空间进一步强调了项目区域的独特性，如灌木丛、阶梯式坐席 + 草坪、"林地立交桥" + 观景台、野花种植区、径向长椅和缺口区域。灌木丛区域位于 20 街和 22 街之间，密集的开花灌木和小树暗示着高线公园第二阶段的开端，成为通往西切尔西区住宅区的分界点和门户。

在景观植物种植中，在采取"植-筑"融合的策略的同时，许多植物品种都是野生的。繁盛的野花与野草也是历史沉淀的一部分，它们随时间在纵横交错的铁轨中绽放出绚丽的色彩，相较人工养护的奇花异草，它们不仅展现出地域景观的个性和多样性，又可以降低维护成本。如果说，铁路本身是过往与今昔连接的纽带，那么这些野花，同样承担起了这一延续城市文脉的角色。

◀ 废弃的铁轨、植物与现代元素融为一体

那些有规律摆置的条形木椅，一端与地面铺装相连，如同隆起的地表，木椅不再是孤立的小品，而是连系地表的一部分。

▼ 高线公园中的休憩空间

▲ 人们坐在出入口木椅上休息

　　因为不过马路，不用等红绿灯，它带给游人的惊喜和愉快，是其他任何街道或者公园都无法媲美的，在高线公园行走真可谓是在纽约的一种全新体验。对于赶时间的人，从公园穿过 10 个街区，就跟平时走过 2 个街区一样快。为了方便游人，以及强化和城市的关系，高线公园沿线设立了众多出入口，每一个出入口都是游人享受时光、探索公园的激活口。

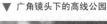

▼ 广角镜头下的高线公园

　　高线公园既规避了跨越街区的交通矛盾，又提供了市民休闲的花园空间，这种对高线铁路开创性的利用可谓立体化地解决了现代城市交通与公共空间的诸多问题，为城市创造了新的机会和亮点。

上海辰山植物园矿坑花园

项目名称：Quarry Garden in Shanghai Botanical Garden
上海辰山植物园矿坑花园

项目地点：中国上海

项目设计：朱育帆·北京清华城市规划设计研究院

项目时间：2010

项目概况：在辰山植物园整体规划中，矿坑被定位为一个精致的特色花园，项目主题是修复式花园。通过对现有深潭、坑体、地坪及山崖的改造，景区形成以个别园景树、低矮灌木和宿根植物为主要造景材料，构造景色精美、色彩丰富、季相分明的沉床花园。

关于朱育帆

现为清华大学建筑学院教授。参与的设计有清华大学核能与新能源技术研究院中心区景观改造，北京市奥林匹克森林公园总体规划，青海原子城国家级爱国主义教育示范基地景观设计，上海辰山植物园矿坑花园景观设计。

关于辰山植物园

上海辰山植物园位于上海市松江区辰花路，坐落于佘山国家旅游度假区内，于 2011 年 1 月 23 日对外开放。占地面积 207.63 万 m²，是华东地区规模最大的植物园。植物园由上海市政府与中国科学院以及国家林业局、中国林业科学研究院合作共建，是一座集科研、科普和观赏游览于一体的综合性植物园。

辰山位列松郡九峰（《上海地名志》中称作"云间九峰"）之一，属于佘山山系，海拔约 70m。据明代董其昌记载，辰山"在诸山之东南，次于辰位"，也以此得名。20 世纪由于采石，山的南坡已被削去。在植物园的设计中，这一部分被改造成为矿坑花园。

作为植物园的亮点之一的矿坑花园由清华大学的朱育帆教授设计。花园的原址为一处采石场遗址，设计者通过生态修复，并对深潭、坑体、迹地及山崖进行适当的改造，使其成为一座风景秀美的花园。

上海辰山植物园矿坑花园设计立意源于中国古代"桃花源"的隐逸思想，利用现有的山水条件，设计瀑布、天堑、栈道、水帘洞等与自然地形密切结合的内容，深化人对自然的体悟。利用现状山石的皴纹，深度刻化，使其具有中国山水画的形态和意境。同时嘉庆府志载，立意于辰山"十景"：洞口春云、镜湖晴月、金沙夕照、甘白山泉、五友奇石、素翁仙冢、丹井灵源、崇真晓钟、义士古碑、晚香遗址。

倾斜的通道源于"倒矿渣"的概念，是场地与设计师的共鸣，确有其事却似是而非。这样的设计语言颇具意味又贴切场地。

关于原置

原置是朱育帆教授提出的概念：设计是对原置和新置两者的把握，即对原有场地文化的挖掘和发扬。任何设计场地都不是一片荒原，它带有不同时间的记忆，而发掘记忆得益于不同建筑师对文化的立场和理解，受教于对不同系统文化价值的判断和评估能力。所有看起来很糟糕的信息，通过设计师的艺术处理，就会变得不可或缺。

中国人很含蓄，喜欢迂回通幽，心理结构有了"闷"在洞里的一段，才会有豁然开朗这样的感受。正合《桃花源记》中的"缘溪行，忘路之远近"，游弋在浮桥上的一段路就是表现这段描写的。于此，完成了由文学到设计的景观叙事。

◀ 迂回的浮桥

关于浮桥

　　上海辰山植物园矿坑花园浮桥是贯通矿坑花园与东面岩石药用植物园的唯一通道，是世界上唯一的一座矿坑水上景观浮桥。漫步辰山植物园"矿坑花园"浮桥，可以欣赏到水幕飞悬、深潭幽碧的美妙景象，让人不觉间已融入到江南山水一体之中。浮桥长156m，宽1.6m。

◀ 矿坑入口的耐候钢通道

设计师通过挖掘和土地回填重建地形，形成了新的"镜湖"和"花海"。"镜湖"结合另一个游客中心通过与深潭的平衡关系和湖面的反射作用有效减少了山体垂直面上带给人的迟钝感，而"花海"所在的南部山丘不仅隔离了外界的干扰，也为花卉种植和展示提供了理想的空间。

上海辰山植物园矿坑花园以对自然的敬畏态度，通过极少的人工干预，实现场地向自然的回归。项目建成后，通过一条恰当的移动路径，营造了人与自然的积极互动，不仅提供了一系列令人印象深刻的空间体验，更引导参观者对人与自然的关系进行更深刻的反思。项目目的在中国当代建筑所面临的紧迫环境持续与自然修复问题方面，为其他项目提供有益的参考。

◀ 花园中的毛石挡墙

韩国西首尔湖公园

项目名称：West Seoul Lake Park
　　　　　韩国西首尔湖公园
项目地点：韩国首尔
项目设计：CTOPOS Design
项目时间：2009
项目概况：该项目位于韩国首尔，公园位于首尔与富川的交壤处，被革新成了一个公共游憩区，成为了两个城市之间的聚会和交流空间。本来的项目地址是污水处理厂，被改造成了生态友好的公园，借此振兴该地域。该公园滨水景观设计理念是可持续、生态、交流。公园将文化、生态和交流的主题与区域再生融合了起来。

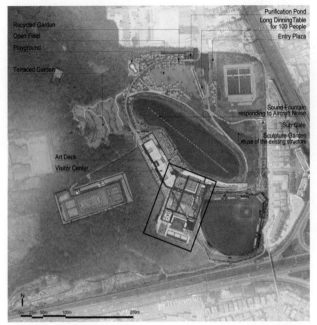

▲ 首尔湖公园总平面图

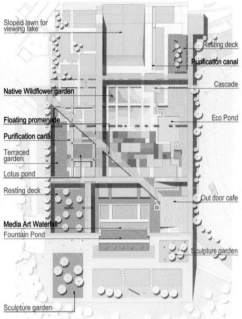

▲ 蒙德里安广场平面图

▲ 老排水管再设计（1）

入口是直径 1m 宽的老排水管，这是公园
的象征之一。公园的中心是点题的 18000m²
的人工湖，这片湖面是原有湖面保留下来的，
到达这里之前有一段 4m 高的围墙，后来为了
保证流线直接，这堵墙被推倒了。为了吸引
人们，设置了观景台和甲板，还在湖中安放
了迷人的喷泉，喷泉可以高达 15m，喷泉的
声音消解了飞机的噪声。

▲ 老排水管再设计（2）

▲ 园区内的喷泉

蒙德里安广场是另外一个特色空间，去除旧的钢筋混凝土，留下结构的遗迹，在里面安放花园，垂直于水平交互，形成美丽和谐的景象。

◀ 蒙德里安广场

北侧和南侧的花园混凝土墙和锈蚀钢板进行组合，小面积的空间营造出私人花园的感觉，修饰钢板支撑的种植槽配上植物异常漂亮。老的混凝土结构与锈蚀钢板交相呼应，形成各种尺度的花园，让游客流连忘返。

◀ 混凝土与生锈的钢板组成的空间

◀ 护栏和座椅相结合

CULTURAL

文 化

　　文化景观一词，20世纪20年代起已普遍应用。它是人类在地表活动的产物，是自然风光、田野、建筑、村落、城市、交通工具和道路以及人物和服饰等所构成的文化现象的复合体，反映文化体系的特征和一个地区的地理特征。美国地理学家索尔·C.O.在1925年发表的专著《景观的形态》中主张用实际观察地面景色来研究地理特征，通过文化景观来研究文化地理。

　　在地理学中，景观一般指地球表面各种地理现象的综合体，可以分为自然景观和文化景观两大类。自然景观指完全未受直接的人类活动影响或受这种影响的程度很小的自然综合体。文化景观则是指居住在其土地上的人的集团，为满足某种需要，利用自然界所提供的材料，有意识地在自然景观之上叠加了自己所创造的景观。

　　文化景观的内容除一些具体事物外，还有一种可以感觉到而难以表达出来的"气氛"，它往往与宗教教义、社会观念和政治制度等因素有关，是一种抽象的观感。本部分将文化景观分为纪念性、地域性、文化融合三部分来阐述，体现了文化景观在景观设计中的重要意义。

TURAL CULTURAL CULTURAL CULTURAL
TURAL CULTURAL CULTURAL CULTURAL
TURAL CULTURAL CULTURAL CULTURAL
TURAL CULTURAL CULTURAL CULTURAL
TURAL CULTURAL CULTURAL CULTURAL
TURAL CULTURAL CULTURAL CULTURAL
TURAL CULTURAL CULTURAL CULTURAL

TURAL CULTURAL CULTURAL CULTURAL
TURAL CULTURAL CULTURAL CULTURAL
TURAL CULTURAL CULTURAL CULTURAL
TURAL CULTURAL CULTURAL CULTURAL
TURAL CULTURAL CULTURAL CULTURAL
TURAL CULTURAL CULTURAL CULTURAL
TURAL CULTURAL CULTURAL CULTURAL

MEMORIAL MEMORIAL MEMORIAL MEMORIAL
MEMORIAL MEMORIAL MEMORIAL MEMORIAL
MEMORIAL MEMORIAL MEMORIAL MEMORIAL
MEMORIAL MEMORIAL MEMORIAL MEMORIAL
MEMORIAL MEMORIAL MEMORIAL MEMORIAL
MEMORIAL MEMORIAL MEMORIAL MEMORIAL

纪念性

纪念是对过去的人、物或事件的一种缅怀方式，希望在世的人不要忘记曾经的人物或是某段往事。作为人类景观设计的重要类型，纪念性景观源远流长。在这一章节里，选取了 4 个具有代表性的景观案例，通过设计唤起当事人的记忆，更重要的是让后人铭记那些历史。

MEMORIAL MEMORIAL MEMORIAL MEMORIAL
MEMORIAL MEMORIAL MEMORIAL MEMORIAL
MEMORIAL MEMORIAL MEMORIAL MEMORIAL
MEMORIAL MEMORIAL MEMORIAL MEMORIAL
MEMORIAL MEMORIAL MEMORIAL MEMORIAL
MEMORIAL MEMORIAL MEMORIAL MEMORIAL
MEMORIAL MEMORIAL MEMORIAL MEMORIAL
MEMORIAL MEMORIAL MEMORIAL MEMORIAL
MEMORIALMEMORIAL MEMORIAL MEMORIAL

纽约艾滋病纪念绿三角

项目名称：New York City AIDS Memorial

　　　　　纽约艾滋病纪念绿三角

项目地点：美国纽约

项目设计：Studio a+i

项目时间：在建

项目概况：艾滋病发病 30 年后，纽约已成为美国的"艾滋病之都"，共有 7.5 万人被确诊感染了艾滋病病毒，约占纽约市总人口的 1%。遭受艾滋病影响的人群如此之多，却没有关于艾滋病的纪念空间。为了纪念照顾者和活动家与疾病作斗争的努力，并认识到目前的危机，因此各界呼吁建立艾滋病纪念馆，希望除了作为记忆和反思的地方，纪念馆能够被重新认识，并通过教育启发了当代人和后代人的行动。

关于 Studio a+i

　　Studio a+i 由设计师 Lily Lim 和 Mateo Paiva 创建。公司自 2004 年成立以来，一直参与项目的住宅建筑、商业零售和办公空间设计。主要项目有 Malabia Condominium、Jean Michel Cazabat Loft、SG House 等。

纪约艾滋病纪念绿三角位于西 12 街和格林威治大道的三角形地带，设计师用简洁锋利的线条打造了一个有葱郁绿色、水镜，且具备多视野和多入口的街心绿地。整个空间静谧安详，让不同受众能有不同的感受。

▼ 设计分析图

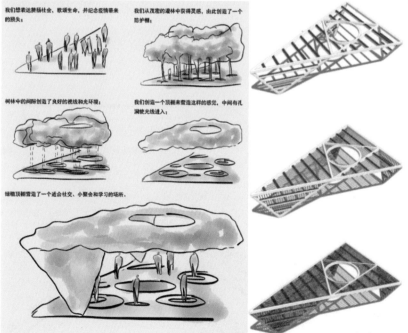

该设计有三个亮点：

（1）采用一个 5.5m 高的冠层结构，由三个复杂的三角形组成，整个绿地构架结构轻盈而简练，上面覆盖着季相变化鲜明的攀缘植物，有着向上和向四周扩散的力量。自由的三面半围合架构形式覆盖着茂密的树林，形成一个类似树冠的顶空间区域，既具有强烈的视觉冲击力，又体现纪念三角洲的庇护含义，创建一个低调的纪念空间。

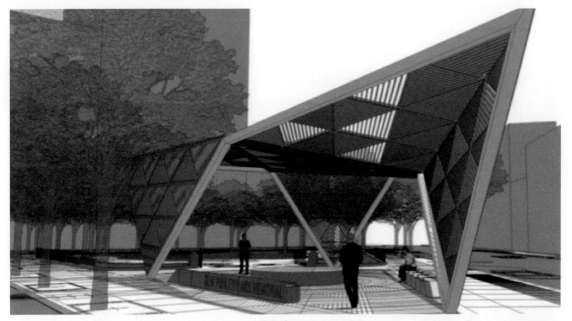

（2）整个构筑物的重点是沉思和冥想。美丽的花岗岩静水流泉；素雅的地面石材色彩；还有造型简洁的桌椅奠定了冥思的氛围。

（3）在一个花岗岩铺路的同心环模式代表中，刻有反映当今社会下有关艾滋病的纪实和诗歌，由此引导人们交流讨论和认知。这个设计有着强大的叙事性，超越时间。圆环代表循环往复，希望这些内容流传不息。

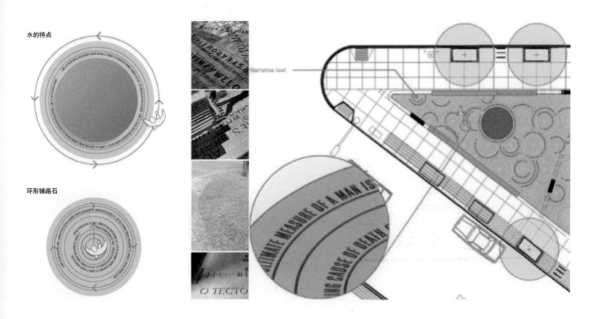

青海原子城纪念园

项目名称：青海原子城纪念园

项目地点：中国青海

项目设计：朱育帆工作室

项目时间：2009

项目概况：原子城纪念园位于青海省海晏县西海镇，占地约12ha，是青海省原221厂（原子弹研究基地）旧址，改造后园区集中参观、纪念、教育、公共活动等多项功用。20世纪60年代，原子弹、氢弹的自我研制成功是新中国强国之路的里程碑，基地用于纪念为研究两弹技术做出巨大奉献的人们，纪念新中国自强之路上的这一丰功伟绩。

▲ 鉴池与"在那遥远的地方"

▲ 纪念园下沉广场

◀ 鸽门

 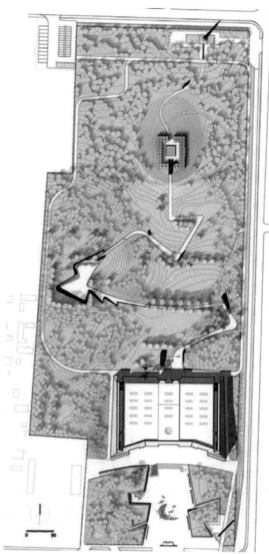

▲ 方案一构思草图

　　纪念园的主要亮点是运用"主轴式"和"自由叙事式"两种空间布局融合，突破了传统的纪念园模式。自南向北的主轴线贯穿了纪念馆、纪念园、纪念碑。而自由叙事式的空间布局，则是通过长逾240m的耐候性锈蚀钢板墙、100m的毛石墙、1300m的碎石路，围合成的下沉广场，给观者丰富的视觉感受，同时展示原子城的辉煌历程。虽然整组设计撷取了原子城历史上的若干片段，但仍然具有较强的整体性。

设计师秉承"本土化、环保化"的理念，尽量采用当地材料，贴合项目本身的文化需求。其间大量使用毛石墙和锈蚀钢板，毛石墙是具有当地宗教符号的嘛呢墙，锈蚀钢板则是原子城精神的记忆缩写。为了保留场地记忆，纪念园保留了 51 棵青杨，用钟摆式隐性中轴模式，环绕青杨林而展开，形成"之"字形步道。在这条蜿蜒曲折的步道上，"高潮点——和平之丘"在远方若隐若现，始终提醒人们它的存在，同时暗喻原子弹氢弹之路是极其曲折和艰辛的，但同时又始终充满了希望。

毛石和锈蚀钢板的运用 ▶

▼ 项目细节图

莱克伍德公墓陵园

项目名称：Lakewood Cemetery's Garden Mausoleum
　　　　　莱克伍德公墓陵园
项目地点：美国明尼苏达州
项目设计：HGA Architects 设计事务所
项目时间：2002
项目概况：有着 142 年历史的莱克伍德公墓是一个典型的美国式的"草坪规划"墓地。它曾面临着一个挑战：如何在一个受人尊敬的地标式的环境中创造出一个具有纪念性的属于 21 世纪的空间。花园陵园项目正好巧妙地、持久地、优雅地迎接了这个挑战。这个景观涵盖了朝南斜坡上三分之二的建筑，展现了一幅空旷的、和平的风景，伴着静静的倒影池，本地树木构成的小树林以及沉思的壁龛——鲜明的当代设计与它的历史环境和谐地融为一体。

▼ 项目平面效果图　　　　　　　　　▼ 景观结构分析图

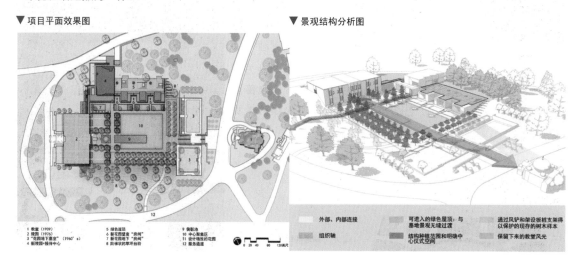

  一个新的陵园和接待中心被融进了空间中现存的斜坡上。沿着街道这个建筑群大部分渐渐淡出视线，只有 510m² 的花岗岩亭子在保存完好的橡树中间映入视线。设计试图以一种愉快的、引人注目的方式重新使用现存的墓地空间，把拥有当代美学的项目和谐地融合进一个重要的历史景观。通过规定建筑发展来减少墓地景观的影响，充分利用地方柔和的倾斜比例做到了这一点。较低地面上的几何结构逐渐从斜坡过渡到地上，提供了一个很明显的空间层级，突出了一个较大的中心聚集空间，同时为沉思提供了次级空间。

  反思池是教堂与公墓的轴线。这种形式上的关系被一条林荫道所强化，成排的树木使陵园空间更规整，为人们提供了一处沉思僻静的地方。另外，山楂树改善了地下墓室外墙的景观效果。

◀ 水、铺装和绿植体现对称 ▶

▼ 景观建筑在颜色和构成上相得益彰

项目可持续性

　　由于这个项目很大的一部分建造在山坡上，因此保留了大量的开放空间。一个新的可使用的绿色屋顶扩展了周围墓地的开放草坪，减少碳排放、减少制冷负担、产生氧气、减少热岛效应并最大限度地提高径流渗透等传统的益处。由于这个进步，所有的停车区都能透水，从而降低了下暴雨时的水流量和速度。众多的大型树木和灌木、地面植被种植，从而减少了因蒸发和蒸散而造成的水分的流失，提高了水的利用效率。当地出产的花岗岩具有较高的反照率的特征，大多数景观和较低的花园里所有的小路都是用这种花岗岩铺成的。照明设计也最低化，以减少光污染。

　　中央草坪确定了陵园空间。并能够为最多 350 人提供举办纪念活动的场所。草坪四周设计了舒适静谧的空间，以供三两知己相聚畅聊。项目同时保留了莱克伍德公墓教堂四周的壮丽景色。

新的倒影喷泉是一个零边缘的水池，是基座铺路板上的2.5cm深的水平面。冬天干涸时，这里就成了一个活跃的广场。

成熟的大乔木通过风铲、根部修剪和用板桩支撑保存，立于陵园后方。梯状的台地成为了建筑和景观之间的缓和过渡，也为未来的纪念用地提供了可能性。

花楸树的名字来源于它那雅致纤弱的花朵，对于早期的美国殖民主义者来说，这些花预示着这里的土地已经解冻可以挖掘来建造坟墓并举行葬礼。雨花石能够收集雨水径流使之到达下一级的渗透系统。

▲ 秋日中沉思时刻

▲ 冬日里包围公墓的景观，成阶梯状的草坪台阶无人来打扰。

项目的意义

　　莱克伍德公墓陵园景观作为一个安静的、受人尊重的历史环境里的当代设计具有重要意义，为最基本的人类需求提供了尊严和优雅。这一建筑和风景的结合已经被波士顿的美国景色美化设计师协会所认可，并获得了很多建筑奖项。

香港百子里公园

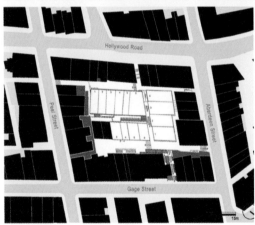
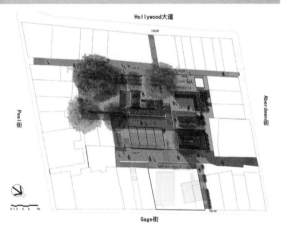

项目名称：Pak Tsz Lane Park
　　　　　香港百子里公园
项目地点：中国香港
项目设计：吕元祥建筑师事务所
项目时间：2012
项目概况：百子里公园位于香港的中、西部地区的社区之间，百子里是旧楼之间的一条死胡同，为纪念辛亥革命而建。作为历史古道的映射，来介绍孙中山先生的活动遗迹，从而突出他与香港的密切关系。以场地的历史和文化背景为依据，形成了中心设计理念和方法，百子里公园作为一个追溯古老城市肌理和含蓄的主题公园，力求以 "中国革命的起源" 为设计主题，再现旧日的风貌。

独特的封闭式公共空间和多出入口的台地式地理位置，使百子里公园活化成为集休憩、游玩及学习功能为一体的公共空间，满足当地居民和游客们享受、娱乐和社区化的愿望。

公园包括三个主要部分：仿古特包亭、历史展览回廊及革命历史探知园。除了绿植、雕塑和娱乐设施，公园还集成特色展区和互动设施，重走革命之路。百子里公园展览室充分展现了历史场景，模仿革命时代的房间，以期重聚革命精神。该项目旨在重塑百子里公园的历史氛围，鼓励游客走在故去的脚印上，了解历史。

在设计概念上调用各样的展览项目和空间，来创建一个明确的、有形和无形遗产；同时，给整个空间一个独特的身份，为客户提供一个连续的行走路线，供游人体验到历史，并加强百子里街道的特征。

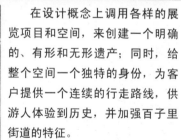

百子里公园将周围社区结合在一起，采用本地植物构建无障碍景观，促进对不同层次的使用对象的视觉联动。此外，它可以振兴历史故作，帮助公众对当地的历史深层次地了解，连接过去，创造未来。

REGIONAL REGIONAL REGIONAL REGIONAL
REGIONAL REGIONAL REGIONAL REGIONAL
REGIONAL REGIONAL REGIONAL REGIONAL
REGIONAL REGIONAL REGIONAL REGIONAL
REGIONAL REGIONAL REGIONAL REGIONAL
REGIONAL REGIONAL REGIONAL REGIONAL
REGIONAL REGIONAL
REGIONAL REGIONAL
REGIONAL REGIONAL
REGIONAL REGIONAL
REGIONAL REGIONAL
REGIONAL REGIONAL
REGIONAL REGIONAL
REGIONAL REGIONAL
REGIONAL REGIONAL REGIONAL REGIONAL
REGIONAL REGIONAL REGIONAL REGIONAL
REGIONAL REGIONAL REGIONAL REGIONAL
REGIONAL REGIONAL REGIONAL REGIONAL
REGIONAL REGIONAL REGIONAL REGIONAL
REGIONAL REGIONAL REGIONAL REGIONAL
REGIONAL REGIONAL REGIONAL REGIONAL
REGIONAL REGIONAL REGIONAL REGIONAL
REGIONAL REGIONAL REGIONAL REGIONAL

地域性

文化因地域的不同而不同，景观的地域性是基于地域特色的设计。从法国的轴对称到日本枯山水的禅学，再到中国苏州园林的诗情画意，西班牙的色彩缤纷，这些都展现不同民族的特色，代表了不同国家和地区的地域性。这一部分从符号、材料、色彩、植物 4 个方面入手，所选案例都极具地方特色和民族特色。

符号

　　文化符号是地域文化的象征载体，是一种抽象的艺术，比如像历史故事、神话传说、风土人情、传统手工业、特殊的地形地貌都属于地域文化符号。对符号的筛选、形式的取舍、色彩的采用都体现了设计师对当地文化的理解，如贝聿铭设计的苏州博物馆新馆，就大量运用了漏窗这一苏州传统的文化符号。

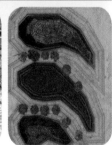

巴亚尔塔港海滨景观

项目名称：Puerto Vallarta Seashore Landscape
巴亚尔塔港海滨景观
项目地点：墨西哥巴亚尔塔港
项目设计：West8 urban design & landscape architecture、Trama Arquitectos、 Estudio 3.14
项目时间：2011
项目概况：作为旅游城市，巴亚尔塔港希望在保持当地特色的基础上实现从传统乡村到现代小镇的转型，海滨观光景观是当地城市文化复兴的重要项目。滨海大道的设计为游人提供了大量的树荫，形成了海岸线上一条亮丽的景观带。同时采用了独特的灯光设计来增强浪漫色彩，是一个富有现代活力且方便行人活动的大型公共空间。

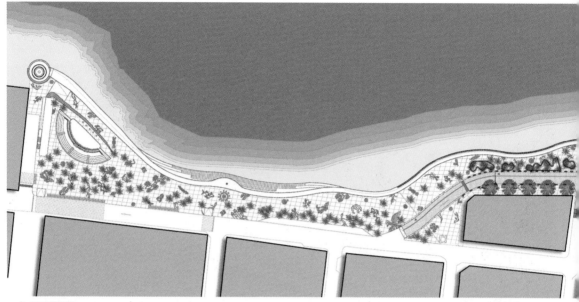

▲ 项目平面图

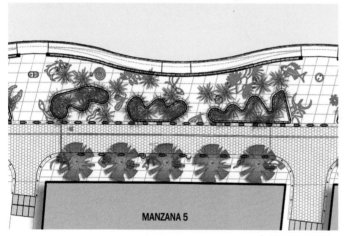

MANZANA 5

▲ MANZANA 5 细节

巴亚尔塔港在班德拉斯湾，是太平洋上最著名的沙滩度假胜地之一，景色优美。这里有热带丛林、河流和瀑布，常年温度为27℃，2001年被命名为"世界最友善城市"。如何通过景观的创造吸引更多的游客，同时实现对城市的保护是当地政府一直思考的问题。

长达1000m的滨海大道局部地面铺装采用具有当地传统特色的马赛克形式，用马赛克雕刻出一条起伏的海岸线，更重要的是用抽象艺术符号来强化景观的地域性文化特征。

◀ 景观分层图

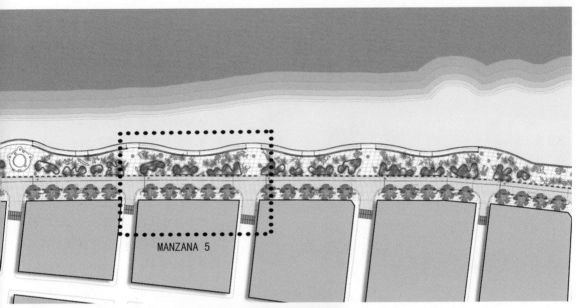

MANZANA 5

设计的创作灵感来自于当地土著 Huichol 文化艺术家 Fidenzio Benitez 的作品，讲述的是当地原始神话故事的场景，关于陆地与海洋的交会点巴亚尔塔港的起源。

该项目由萨尔瓦多市长 GonzatezReséndiz 发起，希望通过改善临海的马雷贡大道的环境，吸引各地游客来观光，以此来提高老城的社会中心地位。项目由多家事务所竞赛，最终是 West8 与 Trama Arquitectos 提交一系列设计草案，并用 8 个月的时间完成了建设。

▼ Huichol 艺术

关于 Huichol Art（惠乔尔艺术）

惠乔尔艺术历史悠久，起源于墨西哥哈利斯科州和纳亚里特州的山区，主要的题材是宗教活动，以植物和动物的图案最常见，色彩鲜艳，图案呈现抽象化。最有名的惠乔尔串珠是用黏土、贝壳、珊瑚、种子等做成珠宝和装饰品。现在的惠乔尔艺术更多的是商业用途，保留传统符号，采用新材料进行创作，串珠做成颜色鲜艳的商业珠面具、木雕等。

道路的地面局部为鹅卵石铺面，采用当地传统的河石铺装技术，经过精心的编排，并在著名工匠的监督下完成。这些手法都最大限度地保留了当地的艺术风格，传统的手法与传统的图案都完美展现了当地手工艺术及民族文化的特色。

由于处在太平洋的海湾，加上天气原因，海岸线常年经受海浪的袭击，正在慢慢退化。这个海岸线的重要作用在于，解决了当地的暴雨、强热带风暴和波浪所带来的灾难性的伤害。

▲ 南侧广场铺装

项目引进了先进的照明系统，采用合理的照明强度，给人以舒服的视觉感受，为海滨增添了一抹浪漫的色彩。同时，这种照明系统还对当地生态系统起到保护作用，避免过于明亮的照明系统让上岸孵化的海龟迷失方向。

设计师还特别设计了椅子和长凳，给当地居民和游客提供了休憩和观赏的空间。这些建筑小品符合当地特色，突出了深厚的文化底蕴。

▲ 流畅的曲线设计

▲ 景观夜景效果

红砖美术馆

项目名称：红砖美术馆

项目地点：中国北京

项目设计：董豫赣

项目时间：2012

项目概况：红砖美术馆的最大特色是采用红色砖块作为基本元素，加上部分青砖的使用，打造出一座有当代山水庭院意味的园林式美术馆。观众在这里可以获得全新的审美体验，不仅能够观看到室内的作品展出，还可以游弋于户外各种景观之中。该项目借鉴中国园林长达千年的城市山林的经验，并尝试经营出可行、可望、可居、可游的意象。

建筑及建筑的附属空间采用的是红砖，后庭院部分大面积的使用青砖，青砖给人以素雅、沉稳、古朴、宁静的美感，与红砖的视觉感完全不同。室内"红砖"，室外"青砖"，这种碰撞与对接带给观者不同的体验。

青砖艺术凝聚了中国的传统文化，蕴含了古老的砌筑文化和施工工艺。青色的运用也展示了中华民族内敛的民族特点。红砖是古罗马发明的，青砖是中国传统的材料，某种意义上来说这也是两种文化的碰撞和交流。

◀ 青砖造景

从建筑到庭院，大量运用月洞门造型，曲径通幽，也可以起到框景、借景的效果，并且给游览者以空间纵深复杂无穷尽的错觉。最有特色的是园林中的连廊，一模一样的青砖门洞，搭配绿藤，构筑出园林框景之美。同时，重重月门，丰富了空间的节奏，类似两块镜面中产生的效果，让狭窄的走廊变得趣味无穷。

▼ 建筑入口的月洞门

▼ 月洞门廊子

红砖美术馆的原址是大棚，设计师将原有大棚的简陋空间改造为美术馆展示空间，庭院部分则改造成为餐饮、办公、游憩空间。

后庭院部分，作为美术馆与北部山林间的过渡，尝试将生活场景更准确的表达出来。景观变化多样，真正展现了中国园林移步异景的魅力。

北部山地

庭院部分

▲ 项目平面图

▼ 建筑的附属景观

这个区域是个封闭的空间,四面墙上皆作一个折角空间,完全一致,只有其内的一段水流以及一个洞口的石头标识着方位。这种小的视线阻挡,很容易使得其后的空间,产生强有力的"爆破"。灰瓦、青砖、植物、置石的布置让环境更自然,更有意境。

▲ 庭院折角空间

▼ 灰瓦铺地细部

索沃广场

项目名称：Sowwah Square
　　　　　索沃广场
项目地点：阿拉伯联合酋长国阿布扎比
项目设计：Martha Schwartz Partners
项目时间：2012
项目概况：广场处在新阿布扎比证券交易中心的公共区域，约2.6ha，将新证券交易所和4座高耸的办公大楼联系起来，为人们提供了一个绿色的休憩之所。设计灵感来源于沙丘、绿洲、贝多因人纺织品、传统灌溉系统等具有阿拉伯特色的事物，用一系列广场和小树林将周围建筑紧密联系在一起，努力营造一个户外绿洲。

设计师充分考虑了当地文化和环境条件，广场的地面铺装和土丘植物形成的装饰性图案将整个广场编织成了一张大地毯。通过铺装的形式、颜色形成了贝多因地毯的图案，展现该区域民族特色的同时，为行人设计一系列丰富的铺装样式。

▲ 项目平面图

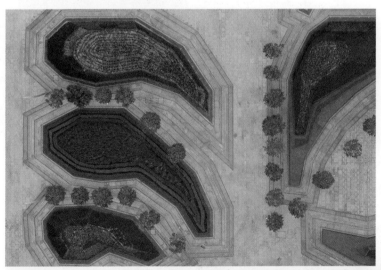

设计师用当地盛产的天然石材缠绕着土丘铺成一系列的纹理和色带，通过纹理、质感、颜色和细节统一外部空间的秩序，从而营造出亲切感。

阿拉伯地区气候干燥、风沙大，这些土丘有效地抵挡了来自波斯湾的西北大风，调节了广场的气温，形成了微气候。

◀ "地毯" 铺装

关于贝多因纺织品

阿拉伯地区的纺织品一直以繁复的工艺和精美的图案著称，几何纹样是传统工艺中常见的装饰图案，纹样具有抽象、连贯、灵活、密集、重合交错等特点。贝多因纺织品色彩鲜艳、形式简单。阿拉伯不同地区纺织品风格各异，但是题材类似，大多数是取材于宗教。贝多因人信仰伊斯兰教，地毯图案多取材于漂亮的清真寺的瓷砖、宫殿的石雕、自然景色、鸟兽、花草树木等，不仅体现了装饰艺术语言的丰富性，又是传播伊斯兰教观念的特别符号。

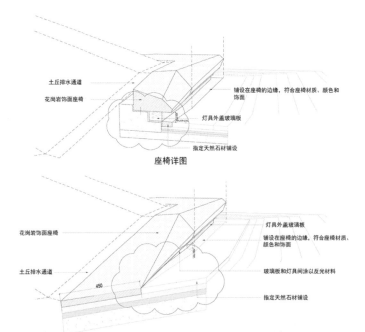

土丘排水通道
花岗岩饰面座椅

铺设在座椅的边缘,符合座椅材质、颜色和饰面

灯具外盖玻璃板

指定天然石材铺设

座椅详图

花岗岩饰面座椅

灯具外盖玻璃板
铺设在座椅的边缘,符合座椅材质、颜色和饰面

土丘排水通道

450

玻璃板和灯具间涂以反光材料

指定天然石材铺设

阿布扎比天气干燥,为了制造清凉的感觉,设计师用抛光灰色花岗岩长凳环绕土丘,并有带有纹理的凹槽刻入其表面,流水在中间沸腾流走,创造了一种散热降温的动态水流效果。石凳中间是带有纹理的凹槽,创造了一种动态的水流效果。

陡峭的倾斜土丘创造了比水平方向高出 1.45 倍的绿色空间,同时竖向种植能 100% 地利用灌溉水分,极大地节约了水资源,获得了 LEED 金奖。

为了适应气候,土丘上栽种着生命力强、维护要求低、抗旱抗热的植物,如 Lampranthus aureus、Iresine,这两种植物在颜色和纹理上有着强烈的反差,给人眼前一亮的感受。

材料

每个地区都有盛产的地方材料及相应的使用方式，由此形成有地域特色的环境，本地材料的运用是展现地域风格的重要手段。经典案例有马里奥·谢赫楠在库尔华坎历史公园用旧建筑上拆除的石头；安东尼奥·高迪的古埃尔公园采用彩色碎瓷陶片镶嵌在庭园建筑的表面，营造出抽象图案等。

南昆山十字水生态度假村

▼ 风雨桥、餐厅、会议中心剖面图

项目名称：南昆山十字水生态度假村

项目地点：中国惠州

项目设计： EDSA

项目时间：2006

项目概况：十字水生态度假村位于南昆山国家森林公园内，25km² 森林用地，所有建筑都是低密度独立建造，私密性强。项目汲取客家地区传统建筑元素，如夯土墙、瓦屋顶、竹子等，将西方度假理念与中国建筑、当地人文有机结合，成为可持续发展的生态旅游的国际典范。设计团队中包括著名生态度假村建筑师Paul Pholeros、世界著名的竹材料建筑师Simon Velez等。

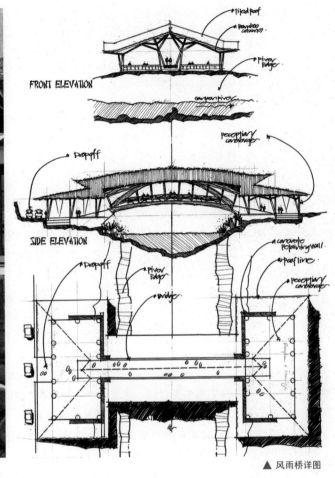

FRONT ELEVATION

· tiled roof
· bamboo columns
· River edge
· campositive
· pecopticar carchorope

SIDE ELEVATION

· Dropoff
· Dropoff
· River edge
· bridge
· concrete Retaining wall
· roofline
· pecopticar carchorope

结构风雨桥

▲ 风雨桥详图

"十字水"处在海拔一千多米的山腰上，这个名字是由三条交叉的小溪而得，是当地地名。EDSA在此项目中负责总体规划以及从概念设计到施工图设计的全部景观设计工作。

为了保护地表生态，度假村的建筑采用架空形式，以减少对地形地貌的破坏，保留了动物的爬行路径和水文径流。岭南园林和建筑轻盈、自在、开敞的特点在设计中得以充分体现，如：风雨桥与接待大厅既是一个主题道具又是承载一道靓丽风景线的场景空间。

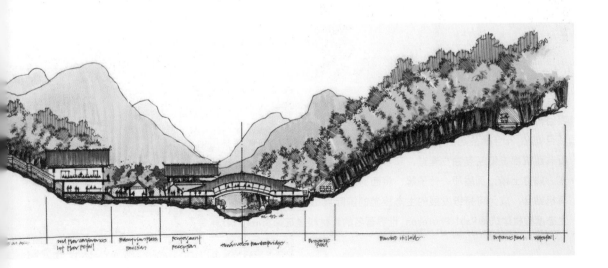

▲ 风雨桥

▲ 碉楼

▲ 连廊

当地盛产的竹子、土、黏土砖瓦、大理石、河石等乡土材料，在项目中使用非常广泛，基本实现了就地取材、取于自然、用于自然。Simon Velez 设计的竹桥充分地表现了竹材的造型能力和特殊的材料美感。

为了保护原生态的植被，所有建筑上的竹子都不在本地采伐，更严格的是在施工的时候不能随意改变原生态植被的位置。

关于 Simon Velez

Simon Velez 是世界著名的竹材料建筑师，他自称为屋顶建筑师。南昆山十字水是世界上最大型的竹结构商业建筑，它获得了 2006 年美国景观建筑师协会的荣誉奖。

竹屋顶的结构是竹子的矩阵网格，通过水泥螺栓加固的节点来连接的。在竹材结构的节点上焊接金属网，再注入一定厚度的"廉价灰泥"，然后铺设 3mm 厚的沥青来保证防水，最后安装面层，这样就解决了屋顶的荷载和防水的问题。

▲ 休闲连廊

　　大量建材被回收再利用，如用于铺设度假村木栈道的材料来自回收的旧枕木；屋顶瓦片来自附近村庄的废弃农舍；全部采用当地的乡土植物，最大化地保护原生环境。所有墙的夯筑和竹建筑的建造，都是请当地手工艺人协助完成的。

▼ 回收枕木栈道

▲ 餐厅外景

▲ 风雨桥夜景

在设计前期，EDSA 对当地的自然环境、社会、文化背景进行了深入研究。重点对当地客家文化进行了研究，尤其是客家人的信仰，居住空间和庭院的关系，以及竹子在客家人生活中所占据的重要地位。同时还向当地政府部门呈交了有关生态旅游和度假村建设的调研报告。

在设计过程中，虽然也使用了常规的建筑图纸，但很多设计元素都由当地工匠手工绘制而成，并使用现场材料制作比例模型。

▲ 独栋入口

▲ 夯土墙

▲ 水景小品

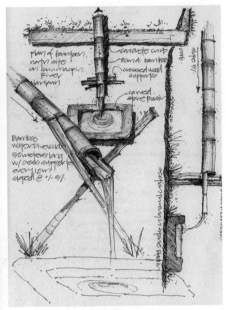

▲ 客家物品

▲ 双单元别墅

▲ 庭院一隅

丽江徐宅

项目名称：丽江徐宅

项目地点：中国云南

项目设计：李晓东工作室

项目时间：2008

项目概况：徐宅坐落在云南雪山下，所以设计的重点是如何把人为环境与自然充分融合，而又不失个性，同时对传统纳西文化作出新的诠释。设计以灰色的瓦和木色百叶组成建筑的主色调，加上围合出的天井、建筑外的厦子即外廊，封闭内向的院落布局，让人想到了纳西传统民居。徐宅采用当地的传统建筑群落样式和技艺，让一个现代的建筑庭院与周边的环境更为融合。

▲ 入口平台

项目完全采用当地材料，并鼓励使用当地的建造工艺。石墙、水池、木屏风、小青瓦构成了整个建筑的总基调。建筑西面靠山，沿山脚用碎石筑起一个平台，建筑物置于平台之上。平台以一层碎石墙的形式展现在眼前，石墙所用当地火成岩的颜色与雪山顶部的石头颜色相近，与环境融为一体。

▲ 碎石墙

水平线是对这个设计的第一印象，广场上卵石铺砌出整洁的地面，清澈如镜的水面一直延伸到平台边缘，没有刻意的边界，同时因为水面反射的原因，构成了一道独特的风景。斑驳的火成岩和绿树清水相映，为这一地区提供了丰富的色彩和质感。

▲ 水平线广场

　　整体的风格采用当地的肌理没有太多的修饰，让建筑成为环境的一部分而不是成为焦点。石墙和反射池，自然地将外部空间和私密空间分隔开来，同时让外部环境充分融入室内环境。住宅的柱子采用传统的样式并融合现代设计。室内装修为简约风格，尽可能让自然保持主角地位。

▼ 石墙和反射池，将室外景观室内化

▼ 廊道柱子采用传统样式，融合现代的设计

为了呼应丽江城整体的小桥、水网、鹅卵石小道的风格，在整体环境营造上强调了"水"，以水烘托环境，用院落拥抱环境。

▼ 室外木质平台

蓝色住宅

项目名称：Casa Azul
　　　　　蓝色住宅
项目地点：佛得角明德卢
项目设计：Éric Loiseau
项目时间：2006
项目概况：Casa Azul 处在人烟稀少的山顶上，修建于 19 世纪 70 年代，已有 100 多年的历史，却始终处在城市的边缘。设计师改造了原有建筑和景观，将此处打造为城市的精品旅馆。拆除了原有的建筑结构，重新整理内部空间，摆脱旧式建筑的影子，以实现多样化的庭院结构。项目就地取材，大量使用当地材料，将场地的不利条件变成优势，把建筑景观融入光秃秃的山地景致中，表现自然的独特之美。

▲ 修道院回廊

　　堆砌的材料是取自岛上的土块与小石块的黏合物，本地石匠用独有的技术来堆砌传统的外墙，将本地的原材料和工艺与顶尖的现代建筑完美结合。

　　由于基地在山上，无处不在的巨石影响到建筑和景观设计，设计师希望以符合自身特点的原始形态将其展现出来。比如说庭院里的巨石配置当地植物，展现出生命力和活力，有着别样的魅力；水池的底部就是一块巨大的石头，巧妙地变成了小型坐席。

▼ 乱石景观

▼ 水池

施工上包含了许多传统工艺：添加了钴蓝色颜料的石灰被用来粉刷房屋外部的标志性墙壁，整体色调为钴蓝色和葡萄酒的颜色。阶梯式设计的前院是当地的建筑庭院风格。

为了加固特别添加了铁氧化混合物，所有的地板表面都显现出葡萄酒的颜色。

修道院回廊墙上的石灰中添加了铁氧化混合物，所有的木料表面都涂有亚麻油和铁氧化混合物。

色彩

受地理、文化、宗教等因素影响，不同的民族有着不同的传统色彩，景观色彩也呈现出不同的特色，反映着民族的信仰风俗和社会传统。如：日本的建筑景观大多使用黑柱白墙灰瓦，色调淡雅；西班牙大多采用明亮活泼的红色；爱琴海偏爱蓝白色；非洲则是五彩斑斓的色彩。

贝尼多姆西海滨长廊

项目名称：Benidorm West Beach Promenade
　　　　　贝尼多姆西海滨长廊
项目地点：西班牙贝尼多姆
项目设计：OAB 建筑事务所
项目时间：2009
项目概况：该项目是 2002 年贝尼多姆市的一个海滨改造设计竞赛，OAB 事务所的设计概念是长廊不仅仅
是保护带，还是连接城镇与滨海地区的枢纽，它将成为人们进行各种活动的公共场所。乐观的色彩选择和
动态的形式让设计获得了一致好评，长达 1500m 的错落曲线，除了给繁华的海滨地带创建了一致的元素外，
同时也把一些相似的地区用色彩相互分离开来。

◀ 设计草图

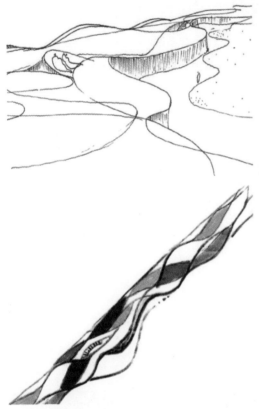

贝尼多姆市土地面积狭小，建筑密集，拥有大量的休闲旅游产业，是最具代表性的西班牙城市之一。西班牙民族以热情开朗著称，其对鲜艳色彩的喜爱和运用形成了自己独特的文化特色，这条色彩浓厚的海滨长廊充分体现了其民族特色。

设计灵感来源于海浪冲上沙滩而形成的破浪曲线，设计师运用有机线条，勾起人们对自然波浪的记忆，并采用蜂窝结构表面有效利用光影。凹凸相间的结构为人们提供了一系列可供娱乐、会议、休闲或冥想的平台，成为城市与海滩之间的综合性过渡带。

这种大胆的、形式感强的设计手法突破了原有海岸的平凡设计。形式感强的设计经常会沦为大家批判的对象，所以在在设计之初，引来了不同角度、褒贬不一的评价。这种形式符合当地的文化，随着时间的验证，逐渐成为了当地的地标。

▼ 项目模型

铺装是本方案的一大亮点，设计师考虑到了色彩心理学，从色彩上就划分了不同人群的使用范围，而且解决了步行带狭长、枯燥乏味的问题。这些鲜艳的色彩与周围的建筑产生共鸣，勾起人们的联想。鲜亮、跳跃的色彩正如西班牙斗牛一样刺激而富有吸引力，各色相间的色彩带来强烈的视觉震撼。

▶ 彩色瓷砖细部

▶ 彩色曲线平台

▼ 海滩与植被区

项目通过色彩分割的方式，提供了不同的平台，而曲线结构将不同的层面和平台连接起来。上层的彩色长廊有较好的视野，适合观光客沿着蜿蜒道路欣赏海边风景，趣味性和实用性融为一体。绿化区域运用了水中游动的鱼的形态，这种主题和手法很符合周围环境。

▲ 海滩和植被区

这些经过严谨的几何规范而形成的曲线，在横向和竖向上均可灵活变化，增加空间的交错，形成了大量的平台和灰空间，更重要的是能够避免平台侵入沙地。上层曲线为下层的木质平台提供了遮蔽空间，下层的木质平台，又是另一种感受。同时木质色与白色产生一个柔和的空间，与上层产生对比。

▼ 曲线平台

▼ 曲线灰空间

▲ 中央区实景（下海滨区）

▼ 移除建筑障碍物

　　作为防潮堤坝，弧线的设计和下面的架空对于海浪有很好的缓冲作用。长廊的布局解决了雨水的径流问题，支持雨水收集系统及其他基础设施网络，消除了建筑之间的隔阂，并将地下停车场与海滩联系起来。

加西亚法利亚街道规划

▲ 项目完成前后对比

▲ 项目平面图

项目名称：Passeig García Faria promenade
　　　　　加西亚法利亚街道规划

项目地点：西班牙巴塞罗那

项目设计：Pere Joan Ravetllat、Carme Ribas

项目时间：2004

项目概况：该项目的基地状况比较复杂，从 Bilbao 街到 Josep Pla 街，中间被分成三部分，呈现带状收口形状。由于靠近海滩和码头，除了基本的隔离需求，还要满足停车需求、人行道和休闲广场功能。这个项目从这些初始因素考虑入手，在尊重周边环境的同时，突显景观与地面、海岸线优雅舒适的关系。最终决定采用的是：铺好的休闲广场和一条绿化带，停车场处在休闲广场下方，形成一条宽 40m、长 1300m 的绿化带。

　　整体布局由不规则的的亮黄色、深红色和凸起的绿色切割而成，与旁边碧蓝的海水，共同谱写巴塞罗那的多彩。连续不断的黄、灰相间的格子与平缓的草地形成了丰富的视觉享受，而那一抹红色是点睛之笔，展现了西班牙热情、奔放、自由的灵魂。

▲ 广场与公路的关系

▼ 景观小品　　　　　　　　　　　　　　▼ 梯形植被区

▲ 中间段景观局部

　　规划的实施分两个阶段进行，第一阶段是 Bilbao 街和 Selva de Mar 街之间，第二阶段 Selva de Mar 街和 Josep Pla 街之间。项目的陆上部分包括面对 Ronda 的停车场覆盖区域，以及停车场围墙与公路之间的其他空间。去除繁杂的装饰和多余的线条，用简洁的手法，划分不同的功能区。

　　红色的矮墙连接了外部空间和广场的内部空间，同时产生空间错落关系，起到了遮挡作用。绿色梯形模块形成的线性花园，使得人行道与停车场上的广场存在通透性。

▼ Bilbao 街—Bac de Roda 街

禅园

项目名称：禅园

项目地点：日本东京

项目设计：1 moku co.

项目时间：2005

项目概况：这是一个禅意极浓的庭院，坐落在京都老城区中心一家餐厅里面。设计师在设计上主要运用白砂和石头来表现河流和海洋风情。除此之外，设计师还增加了金属材料来表现空间的现代感，创造了一个传统与现代结合的庭院景观。通过对素材的类别、材质、形态和色彩采用"减法"处理，将传统和现代的造园素材融合在一起，又不打破简约的氛围。

白砂砾、灰砂砾的素雅，极致地表现了日式庭院的简洁色彩，采用"减法"，实现各种材质的统一。

圆柱形混凝土柱，形式简洁却又使人联想起东福寺的造园手法。

禅园中的种植池位于白砂地和黑色砾石地的交界处，细长的金属条划分出砾石道路与白砂庭园，简约且精致。庭园中立柱周边设计环状纹路，边缘交界处设计线性纹路作为过渡。

植物

　　大量种植当地植物能适应地域的各类自然条件，发挥最大的
生态环境效益，同时反应地域的本土属性，增强地域的场所感。
不同的植物能让观者第一时间想到当地特色：史蒂夫·马蒂诺运
用索诺拉沙漠植物形成了鲜明特征；而广东中山岐江公园保留了
原来的野草等植物，保持了当地的生态和特色。

欧托森花园

项目名称：Ottosen Entry Garden
欧托森花园
项目地点：美国菲尼克斯
项目设计：Spurlock Poirier Landscape Architects
项目时间：2008
项目概况：项目坐落在菲尼克斯著名市政景点——Papago 公园。工程占地 6475m²，耗资 200 万美金，主要有三个目的：①展示多种仙人掌和肉质植物的魅力；②改善游客路线和循环；③用休息厅承接各种活动。

关于 ASLA 专业奖

ASLA 专业奖是对美国及全世界范围内最优秀的公共空间、住宅设计、校园、公园和城市规划项目进行表彰。欧托森花园荣获了 2013 ASLA 综合设计荣誉奖，评委会给的评价为：极为现代地利用沙漠空间。整个园区设计精妙，将公园与索诺拉环境联系在一起。植物成为亮点，漫过岩石种植床边缘，植物园设计将群集植物呈现出在画廊展示般的效果。

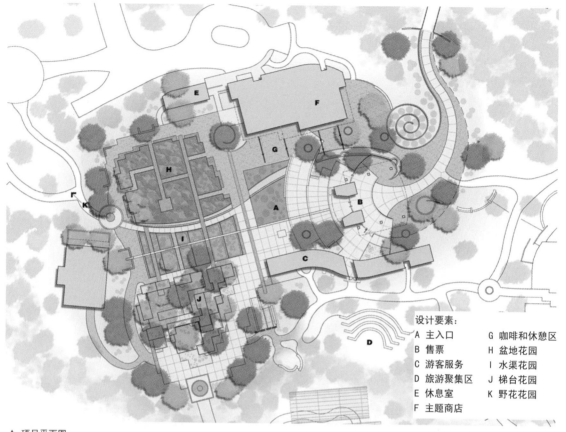

设计要素：

A 主入口   G 咖啡和休憩区
B 售票   H 盆地花园
C 游客服务   I 水渠花园
D 旅游聚集区   J 梯台花园
E 休息室   K 野花花园
F 主题商店

▲ 项目平面图

    园内生长着迷人的索诺兰沙漠植物，共分为三阶梯段式结构，包括开放式盆地花园、背光开放的中间部分、上层结构，每阶都有其独特的风韵，巧妙的梯田设计和植被充分利用了当地稀缺的降水资源。

    设计师在 2008 年完成了对 32ha 的沙漠植物园的设计，欧托森入口公园作为 DBG 设计的第一阶段，需要对 10 年前的入口进行返工。整个工程为游客聚集、特别活动、辨别行进方向等提供专门区域。设计前期，就如何正确利用园内的标本进行了多种探索，最终决定对当地特色和不同的植物标本进行保存、迁移或展示，使其发挥最大效果。设计团队创造了一个令人难忘的标志性空间，以展示多种仙人掌和肉质植物的魅力，这些植物既能提升地域感，还能满足新老游客的不同需求。

▼ 植物线性光的运用

三个公园，都用自己的方式将岩石和植物结合在一起，并融合地形特征，突出材料的特色，与红色的石峰和远处荒漠上的山峰形成对比。这种与大自然相结合的设计形成了独特的互动效果，体现了沙漠植物的美丽婀娜和种类纷繁。

造园中最突出的特征是运用线性光的概念。观者从北往南走，从植物外表透过的半透明线性光带把天、光线、大地和植物联系在一起，红色石墙的运河花园，被线性光一分为二，像水一样，形成独特的视觉效果。

▼ 中阶梯田

▲ 沙漠旱生植物和砂岩

▲ 网格状的小路

　　欧托森公园运用合理的布置、对植物材料的再利用、使用当地资源以及改换硬质景观的做法，成功地实现了总体规划中的关键性要素：打造一个功能性强、动态的游客入口，并突出公园的精神。此外，从石头修饰到金属加工，许多精巧复杂的硬质景观细节都展现了当地高超的施工技艺。

▼ 硬质景观细节

▼ 植物园入口

东藻琴芝樱公园

项目名称：ひがしもこと芝桜公園（日文）
东藻琴芝樱公园
项目地点：日本北海道大空町
项目概况：东藻琴芝樱公园的芝樱从 1977 年起开始种植，目前东藻琴公园内的芝樱面积宽广，占地有 8 万 m²。每年春末夏初芝樱盛开时，这里就会变成一片粉红色的世界，大地宛如铺上一层粉色的地毯，形成连绵不绝的花海绝景。

库肯霍夫公园

项目名称：Keukenhof Garden
　　　　　库肯霍夫公园
项目地点：荷兰阿姆斯特丹
项目概况：库肯霍夫公园内郁金香的品种、数量、质量以及布置手法堪称世界之最。公园的周围是成片的花田，园内由郁金香、水仙花、风信子，以及各类的球茎花构成一幅色彩繁茂的画卷。

　　园中各类花卉达 600 万株以上，还有很多难得一见的珍稀品种。每年的春天，这里都将举行为期 8 周左右的花展，同时还安排许多相关的活动，包括园艺与插花等的工作坊、各种主题的展览等。

CULTURAL INTEGRATION CULTURAL INTEGRATION
CULTURAL INTEGRATION CULTURAL INTEGRATION
CULTURAL INTEGRATION CULTURAL INTEGRATION
CULTURAL INTEGRATION CULTURAL INTEGRATION
CULTURAL INTEGRATION CULTURAL INTEGRATION
CULTURAL INTEGRATION CULTURAL INTEGRATION
CULTURAL INTEGRATION
CULTURAL INTEGRATION
CULTURAL INTEGRATION
CULTURAL INTEGRATION
CULTURAL INTEGRATION
CULTURAL INTEGRATION
CULTURAL INTEGRATION
CULTURAL INTEGRATION
CULTURAL INTEGRATION
CULTURAL INTEGRATION
CULTURAL INTEGRATION CULTURAL INTEGRATION
CULTURAL INTEGRATION CULTURAL INTEGRATION
CULTURAL INTEGRATION CULTURAL INTEGRATION
CULTURAL INTEGRATION CULTURAL INTEGRATION
CULTURAL INTEGRATION CULTURAL INTEGRATION
CULTURAL INTEGRATION CULTURAL INTEGRATION
CULTURAL INTEGRATION CULTURAL INTEGRATION

文化融合

　　文化融合指具有不同特质的文化通过相互接触、交流沟通进而相互吸收、渗透、学习，融为一体的过程。本章节中选取了丹麦哥本哈根Superkilen城市公园作为典型案例，通过地形、植被、构筑物、城市家具，结合色彩、材料、尺度等塑造了一个多样化、吸引人的城市开放空间，融入了当地文脉，满足了使用者的需求，体现了景观设计中的人文关怀。

哥本哈根 Superkilen 城市公园

项目名称：Superkilen Urban Park
　　　　　哥本哈根 Superkilen 城市公园
项目地点：丹麦哥本哈根
项目设计：BIG 建筑事务所、Topotek1 设计事务所、SUPERFLEX 设计团队
项目时间：2012
项目概况：Superkilen 项目是一个穿越丹麦首都哥本哈根最多种族和宗教混杂社区的线形城市空间。整个项目的构想基于一个广义的建筑理念，即该城市公共空间将成为一个展示居住在该区域 60 多个不同国家的市民生活元素的巨大容器，每个"展品"都配有丹麦语和本国语言的双语介绍标牌。整个项目点、线、面相互穿插结合，创造了一个丰富的立体化开放式城市公共空间。

3 个分区，3 种颜色，1 个社区

　　超级线性城市公园项目设计立意是把其分为 3 个区域和 3 种颜色：红色、黑色和绿色，分别代表红色广场、黑色市场和绿色花园。每个色彩鲜明的区域分别有着自己独特的氛围和功能：红色广场以咖啡、音乐与运动展示现代城市生活；黑色市场是古典风格的广场，有喷泉和长椅；绿色花园为野餐、运动和遛狗而建，提供了一片大型体育活动场地。这 3 个不同的区域和颜色共同创造了一个崭新的动态空间，供展览与人们使用。

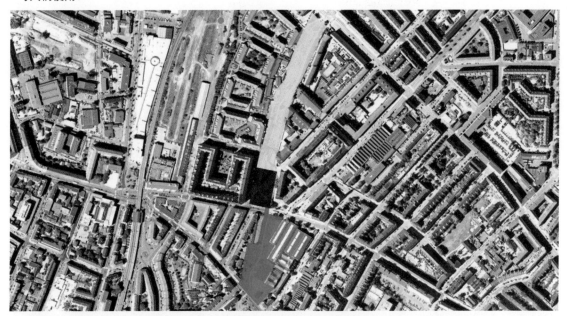

■ 公园就位于城市背面的街道旁，纵向延伸 750m，占地总面积约 30000m²。

■ 整个园区分为三个部分：红色广场、黑色市场和绿色花园。

　　■ 为相邻的体育大厅提供了延伸的文化体育活动空间

　　■ 天然的聚会场所

　　■ 悠闲的空间

红色广场——市场／文化／运动

　　广场的彩色铺装所采用的颜色和材料，与其主入口彩诺布内霍尔街区的颜色与材料形成一体，使入口厅的表面内外一致。

　　除了文化和体育活动设施，红色广场为城市集市创造了条件，吸引来自哥本哈根和郊区的游客周末来此参观。超级线性城市公园的中央集市区位于现有的曲棍球场内。大部分广场地面都铺设了多功能橡胶，让人民在此可进行球赛、集市、游行和溜冰等活动。

◀ 红色广场自行车道

　作为诺布内霍尔街区体育和文化活动的拓展，红色广场是该街区内部生活在城市层面上的延伸。宽敞的中央广场和一系列休闲活动设施，为市民的体育活动和游戏创造了条件，并促进了当地居民的交往。

▲ 各种儿童游乐设施

广场上建筑的外立面使用与地面一样的颜色，自上而下，创造了一种三维的视觉体验。

红色广场由两端的街道、建筑和围墙所围合，广场的边缘弯曲前进，设计师将周围的线条和边缘与设计区域链接在一起，融合成一大片红色，使得整个广场宛若一张往四面八方伸展的大红地毯。

◀ 场地和植物的关系

▲ 黑色市场鸟瞰

黑色市场——城市客厅

　　黑色市场是超级线性城市公园总体规划的核心，也是该地区庭院的延伸。当地人可以在摩洛哥喷泉旁小聚，在土耳其长凳上休息，或者在日本樱花树下聊天。在工作日，广场中永久设置的桌子、长椅设施可作为城市起居空间，人们可以在这里进行各种棋艺活动。

摩洛哥喷泉 ▶

　　与红色广场不同，黑色市场上的白线都是从北到南的直线，并绕开所有家具，这种模式是为了突出家具，而不只是作为一个在家具底下舞动的线条装饰。

线与小品的关系 ▶

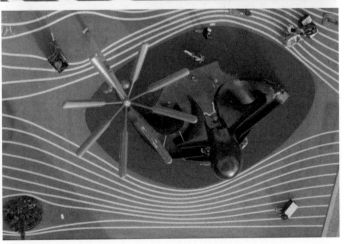

　　设计师为了解决部分地面的高差问题，将自行车道移到了广场的东边，使自行车坡道位于霍瑟普拉德和交错的自行车道之间。场地北部是一座朝南的小丘，人们在那里可以看到广场上的景观和活动。

绿色公园——运动娱乐

　　绿色公园通过柔软的山丘和地表吸引着孩子、年轻人和家庭前来游玩。公园内设一处绿地景观和一个操场，各个家庭可以在此休息、野餐、日光浴，也可进行曲棍球和羽毛球比赛，或者在山地间健身。社区居民渴望更多的绿色，所以设计师将公园设计成一整片绿色——不仅保持和夸大曲线景观，而且将所有的人行和自行车道都涂成绿色。绿色公园北面设计了一个巨大的美国旋转霓虹灯、一个意大利吊灯和一个西班牙太阳海岸。绿色公园在其南部山丘的顶端与黑色市场相连接，人们在山顶上可将整个超级线性城市公园尽收眼底。

▲ 绿色公园夜景

▼ 绿色公园鸟瞰

▼ 公园上的标志性雕塑

文化多样性展示

　　超级线性城市公园是一个多样性公园，展示了来自世界各国的各种家具和日常用品，包括长椅、街灯柱、垃圾桶与植物——这些是每个当代公园都须配备的，公园游客也可帮忙收集新展品。

◀ 广场长椅

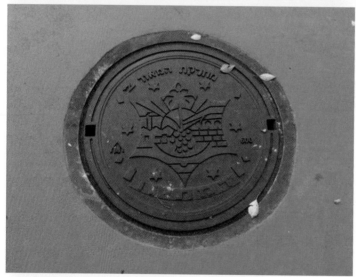

◀ 井盖

◀ 垃圾桶

ECOLOGICAL

生　态

　　狭义的生态指一切生物的生存状态，以及它们之间和它与环境之间环环相扣的关系。生态学的产生最早也是从研究生物个体而开始的。生态学（ecology），是德国生物学家恩斯特·海克尔于 1866 年定义的一个概念：生态学是研究生物体与其周围环境（包括非生物环境和生物环境）相互关系的科学。目前已经发展为"研究生物与其环境之间的相互关系的科学"。人们日常所说"生态"一词用来定义修饰许多美好的事物，如健康的、美的、和谐的等事物，与生态的学术定义不尽相同。

　　生态性是景观的基本属性。景观原本就是一个生态，由此而产生的生态景观学是研究景观中固有的生态联系从而更好地服务于社会。生态景观学定义的生态景观在于强调人类生态系统内部与外部环境之间的和谐，系统结构和功能的耦合，过去、现在和未来发展的关联，以及天、地、人之间的融洽性。本章所述案例均在景观设计中运用相关学科知识解决景观所在地域生态中的不良关系或突出其中的优异关系。

　　景观生态创新的根本动力在于新生态矛盾的产生和新兴科学技术的发展。如今所能了解和发展迅速的景观生态创新点可以归纳为立体绿化、水体处理、场地恢复和生态材料的运用。

VERTICAL PLANTING VERTICAL PLANTING
VERTICAL PLANTING VERTICAL PLANTING
VERTICAL PLANTING VERTICAL PLANTING
VERTICAL PLANTING VERTICAL PLANTING
VERTICAL PLANTING VERTICAL PLANTING
VERTICAL PLANTING VERTICAL PLANTING

立体绿化

　　立体绿化是生态景观的一大组成部分，它能进一步增加绿化面积，从而帮助减少热岛效应，吸尘、减少噪音和有害气体，营造和改善城区生态环境。在立体绿化这一节里，选取了垂直绿化、屋顶绿化和顶棚绿化三个独具创新的案例。与普通垂直绿化案例不同的是，这三个案例分别在技术、观念和形式上有其闪光点。

VERTICAL PLANTING
VERTICAL PLANTING
VERTICAL PLANTING
VERTICAL PLANTING
VERTICAL PLANTING
VERTICAL PLANTING
VERTICAL PLANTING
VERTICAL PLANTING

VERTICAL PLANTING VERTICAL PLANTING
VERTICAL PLANTING VERTICAL PLANTING
VERTICAL PLANTING VERTICAL PLANTING
VERTICAL PLANTING VERTICAL PLANTING
VERTICAL PLANTING VERTICAL PLANTING
VERTICAL PLANTING VERTICAL PLANTING
VERTICAL PLANTING VERTICAL PLANTING
VERTICAL PLANTING VERTICAL PLANTING

塔楼垂直花园

项目名称：Natura Tower's Exterior
　　　　　塔楼垂直花园
项目地点：葡萄牙里斯本
项目设计：Michael Hellgren
项目时间：2009
项目概况：项目为塔楼临广场的群房设置了三面垂直绿化，在大面积的垂直绿化施工上克服了墙面挂重过载的难题。绿化效果繁茂、有层次感、显得自然。

Michael Hellgren & 垂直绿化

　　Michael Hellgren公司从事垂直绿化的技术核心是无土栽培，无土栽培使得可适用于垂直绿化的植物种类大大增加，同时节省了植物生长所需土壤的重量，在不规则垂直面上也如鱼得水。支撑结构由PVC板离墙固定在墙上构成，板上附着一种多层人造和高吸水性的毛毡，它使水均匀分布在表面并给依附毛毡生长的植物提供机械支持。在外层毛毡制作一个切口插栽植物。垂直绿化的重量少于 25kg/m²，毛毡表面口袋的深度可以达到 200-500mm 左右，适合不同种类的植物生长。节水型的灌溉系统利于后期的养护，它由一个控制营养注射液和灌溉周期的自动化单元设备组成。它会根据设备表面接受到的太阳辐射量，自动调节灌溉量。滴灌管被集成在多层毛毡之间，相比普通绿化和草坪用水，垂直绿化消耗的水量通常更低，平均每天 2 ～ 5L/m²。

▲ 塔楼绿化东墙

　　垂直花园是近几年兴起的一种景观形式，发展前景相当大。现在有许多公司专门针对这一领域市场进行发展，取得了不错的成绩。项目为塔楼临广场的群房设置了3面垂直花园。留出窗和门的开口。广场有落差，因此形成了有趣的景象，并集成多种功能。

　　东西两面墙阳光充足，种上了比其他墙面更绚丽的开花植物，比如天竺葵，风铃，马缨丹，还有一些华丽的十字花科植物，成为大片叶子的点睛之笔。绿化随墙面的门窗开口和墙之间的构成而变化，在形式和功能上得到良好的结合。植物四季常绿，为硬质的广场增添了生机。

塔楼绿化西墙 ▶

南墙缺少光照，因此以耐阴植物为主，比如芋科、蕨科、海棠科的某些植物，叶色叶形丰富，鲜艳的草本花卉和宿根花卉点缀在绿叶间，使墙面具有艺术构成感。在如此大面积的墙面上进行绿化，还保持生机盎然，Michael Hellgren 公司对于垂直绿化的技术已经掌握得相当纯熟。

◀ 塔楼绿化南墙

国内大面积的墙面绿化多用"模块法"。植物被预先培育在固定形状的模块里，最后一同被挂在种植架上。模块绿化墙面优点是安装快捷，替换便利。但模块法虽然可以通过少数几种植物模块的组合来丰富墙面，但是在外观效果上依然不如案例项目自然茂盛。

▼ 上海世博主题馆生态墙　　　　　　　　　　　　　　　　　　　　　　　　　　　　　▼ 案例东墙详图

"红沙滩"顶棚绿化

项目名称：Vermilion Sands
　　　　　"红沙滩"顶棚绿化
项目地点：加拿大西温哥华
项目设计：Matthew Soules Architecture
项目时间：2014.8
项目概况：该项目是 2014 年为在西温哥华举办的哈莫尼艺术节而建造的露天顶棚，用于来宾在入场和酒会时使用。"红沙滩"顶棚由许多个长满植物的倒金字塔构成，并配以灯光照明，充满生机。这个顶棚为艺术节加入了别样的生态理念。

关于 Vermilion Sands

　　项目名字来源于英国小说家詹姆斯·格雷厄姆·巴拉德的一系列短篇小说作品。Vermilion Sands 指的是当代建筑设计的"杂交"性质，由此举出了自然创造和人工建造之间的依存关系。Vermilion Sands 是巴拉德小说中对于未来世界描述的现实体现——一个充满自然与人工结合的景观世界。

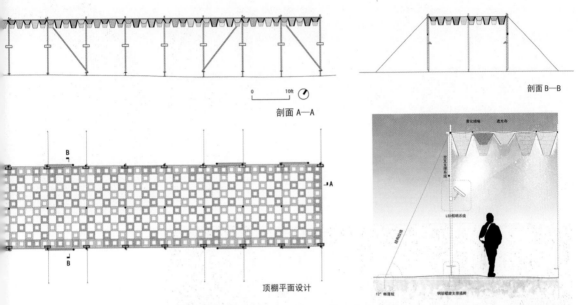

剖面 A—A

剖面 B—B

顶棚平面设计

从平剖图来看，绿化支撑结构简单易拆卸，田字格顶棚架在阵列间隔 3m 的金属支柱上，两边有斜撑保证稳固。倒梯形塔的植物模块阵列倒挂在顶棚上，植物模块被设成等底边、等顶边两种高的形式，这两种模块随机排布在顶棚上，破除了阵列的单调感。这 260 块模块中的每一块都是由套有种子和肥料混合物的土工布和钢结构形成。

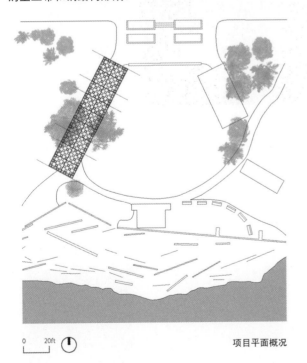

项目平面概况

从基地平面来看，南部是海滩，有大面积草坪，零星的乔木。在夏季强烈的阳光下，并不适合作为艺术节的社交场所。"红沙滩"顶棚的加入在整个开阔的空间里暗示出了一个适用于集中社交的空间，尤其是由鲜活植物构成的顶棚更具标志性。

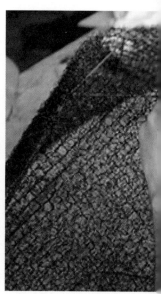

◀ 顶棚灯光效果

　　灯光效果是天棚的亮点之一，为适应晚间的社交活动，起到照明和渲染气氛的作用。植物模块的培养首先用手工将铁丝网绷在梯形塔钢框架上，再蒙上土工布，最后将种子混合水、木浆、黏合剂（生物可降解的黏合剂：瓜尔豆胶）、特定的种子培养浆喷在土工布上。一半喷白三叶草，一半喷黑麦草（其中高的植物塔种白三叶草，矮的植物塔种黑麦草）。这些植物模块经过 30 天的培育后应用于项目。

▲ 植物塔制作过程

▲ 植物塔培养过程

Ulus Savoy 住宅景观

项目名称：Ulus Savoy Housing
　　　　　Ulus Savoy 住宅景观
项目地点：土耳其伊斯坦布尔
项目设计： DS Architecture – Landscape
项目时间：2012—2013
项目概况：该屋顶花园和通常的屋顶花园不同，它几乎覆盖了这个庞大社区的所有路面，而不是单单出现在某个住宅塔楼的顶部。起伏有致的折面与上面的道路和折坡采用了统一的语言。石材、木材、植物形成对比却又同为自然材料，相当和谐。

①入口（斜坡和楼阶）
②地下车库入口
③社交中心（泳池和木质甲板）
④儿童游乐场地
⑤步道
⑥公园和步道

▲ 项目平面图

　　平面上，住宅区临山而建，地形起伏较大，设计顺应地势营造了一片波澜起伏的住宅景观：楼群之间几乎完全被绿化所覆盖，不同种类的植物呈三角面折状拼接构成整个绿化。

◀ 大面积的绿化看起来舒适宜人

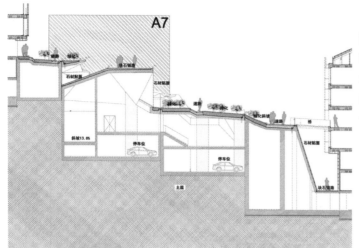

三角折面的绿化构成并不是毫无理由。这些景观虽然看起来像是营造在地面上，实际是生长在屋顶上——地下停车场屋顶。由于地下停车场的屋顶呈现不规则折面状，地表的绿化也如出一辙。

◀ 项目剖面图

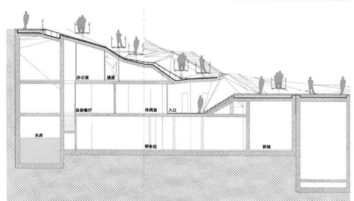

坡度特别大的屋顶在地表用石材覆盖并安装上有趣的圆形天窗。这为停车场内部提供了戏剧性的照明效果。

WATER TREATMENT WATER TREATMENT
WATER TREATMENT WATER TREATMENT
WATER TREATMENT WATER TREATMENT
WATER TREATMENT WATER TREATMENT
WATER TREATMENT WATER TREATMENT
WATER TREATMENT WATER TREATMENT
WATER TREATMENT
WATER TREATMENT
WATER TREATMENT
WATER TREATMENT
WATER TREATMENT
WATER TREATMENT
WATER TREATMENT
WATER TREATMENT
WATER TREATMENT
WATER TREATMENT

水体处理

　　水一直是人们生活环境中不可缺少的一部分，是现代景观设计中的重要组成部分，也是景观设计中最有表现力的元素之一。景观生态学研究水在景观中的循环，这里的水不仅仅指人们能在景观中看到的水，空气中的水汽、地下水乃至降水都在研究范围之内。由此生发出水体处理的类别：雨水处理、水净化、水资源再生、水调控，并且这几方面通常会体现在同一生态景观项目中。

WATER TREATMENT WATER TREATMENT
WATER TREATMENT WATER TREATMENT
WATER TREATMENT WATER TREATMENT
WATER TREATMENT WATER TREATMENT
WATER TREATMENT WATER TREATMENT
WATER TREATMENT WATER TREATMENT
WATER TREATMENT WATER TREATMENT
WATER TREATMENT WATER TREATMENT

万科建研中心

项目名称：Vanke Research Center
　　　　　万科建研中心
项目地点：中国广州东莞
项目设计：Z+T Studio
项目时间：2011
项目概况：作为中国国内地产巨头万科集团，在景观的科学研究上是很下功夫的。万科建研中心景观获得ASLA2014 年综合设计类荣誉奖，证明了三年以来这个项目在生态可持续方面的实际作为。这个景观在生态方面的亮点是对雨水下渗和雨水净化的处理。

关于万科集团

　　万科企业股份有限公司成立于 1984 年，1988 年进入房地产行业，1991 年成为深圳证券交易所第二家上市公司。经过二十多年的发展，成为国内最大的住宅开发企业。万科致力于引领行业节能减排，持续推进绿色建筑及住宅产业化。2011 年，公司共成功申报绿色三星项目 273.7 万 m²，占全国总量的 50.7%。2007 年，万科建筑研究中心被建设部批准为国家住宅产业化基地。

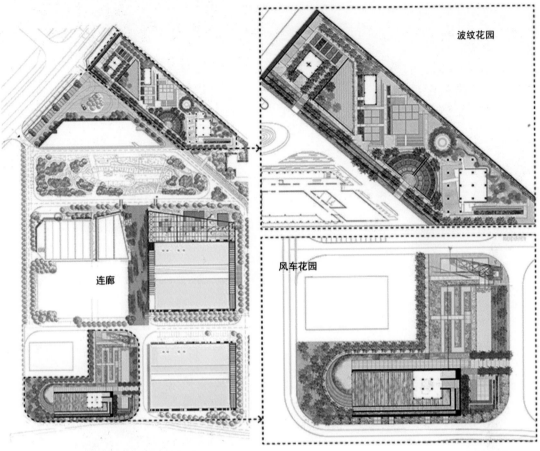

波纹花园

风车花园

连廊

▲ 项目设计平面图

万科建筑研究中心，其研究重点在于住宅产业化研究，将成为主要进行建筑材料、低能耗，以及生态景观相关方面的研究基地。

在景观方面将重点研发生态材料，例如如何将预制混凝土模块应用在将来的地产项目中、探索不同类型的透水材料、植物配植等。

平面图上，景观分为三个部分：波纹花园、连廊和风车花园。它们分别侧重于雨水收集下渗、预制混凝土材质运用和自然供能的水循环。

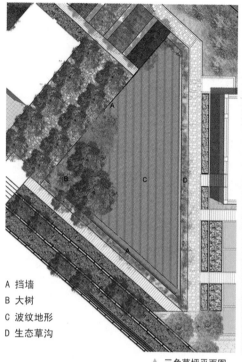

A 挡墙
B 大树
C 波纹地形
D 生态草沟

▲ 三角草坪平面图

▲ 三角草坪实景图

　　波纹花园的三角草坪部分利用乔木带减缓雨水落地的速率；起伏的波纹草坪增加了雨水下渗的面积，其凹陷的部分更是汇集雨水；整体倾斜的草坪也将过剩的雨水导入草坪边缘的生态草沟里。整个草坪对雨水的收集和下渗能力达到了一个很高的水平。

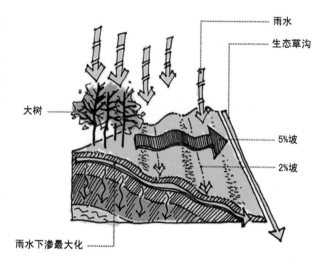

雨水

生态草沟

大树

5%坡

2%坡

雨水下渗最大化

▲ 三角草坪作用原理

　　从波纹草坪的施工图来看，为了防止凹陷部分雨水承载过剩，造成地被淹死，其下运用了大小两种碎石进行了铺垫，进一步加强了雨水的渗透能力。

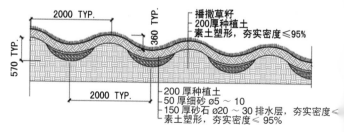

2000 TYP.

360 TYP.

570 TYP.

播撒草籽
200厚种植土
素土塑形，夯实密度≤95%

2000 TYP.

200 厚种植土
50 厚细砂 ø5～10
150 厚砂石 ø20～30 排水层，夯实密度＜
素土塑形，夯实密度≤95%

▲ 三角草坪施工图

波纹花园的第二部分是半圆草坪。在设置起伏草坪的基础上，添加了草坪间乔木的设计。在树下透水铺装的选用上下了功夫。半圆草坪并没有不透水铺装，过量的雨水可以直接从风化花岗岩的地铺上深入地下。

▲ 半圆草坪实景图

雨水

溢流

各种渗透材料

风化花岗岩　碎石　木片　砂石　陶粒

▲ 半圆草坪作用原理

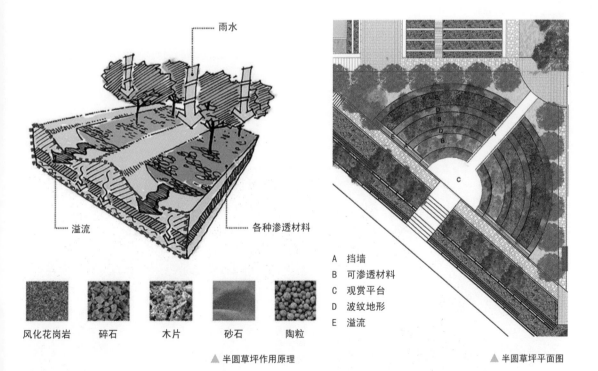

A　挡墙
B　可渗透材料
C　观赏平台
D　波纹地形
E　溢流

▲ 半圆草坪平面图

树下铺装分别运用了四种材质：碎石、木片、砂石、陶粒。波浪草坪的边界采用溢水设计，可供观察、比较不同材料的溢水量大小。

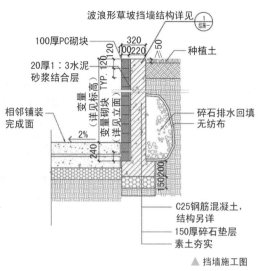

波浪形草坡挡墙结构详见 ①
结施一

100厚PC砌块

320
100 220 ≥50

种植土

20厚1：3水泥
砂浆结合层

相邻铺装
完成面

变量砌块

碎石排水回填
无纺布

2%

240

150/200

C25钢筋混凝土，
结构另详
150厚碎石垫层
素土夯实

▲ 半圆草坪挡墙   ▲ 挡墙施工图

预制混凝土（PC）材料的运用也是景观生态性的表现之一。首先 PC 材料的使用可以避免大面积矿石的开采。其次，在中国，由于施工技术相对落后，所有硬质景观铺装几乎都需要采用混凝土垫层。因此，只要采用硬质铺装——无论是用于车行还是人行——都无法实现雨水渗透。而 PC 材料的厚度很大，可以省去混凝土的垫层，从而加强了雨水向地面的渗透。而且立面石材需要干挂施工，PC 材料能直接用水泥砂浆进行粘贴。

下图连廊部分的地面铺装全部使用 PC 材料，PC 材料的另一大特点体现在这里。从细节图上能看到葱兰从铺装缝隙中旺盛的生长，这是依靠早就已经设计好了的 PC 地砖的形状，特意留出来的异形缝隙。PC 材料的异形处理就是它的一大特色，浑然天成，与自然结合紧密。

▼ 连廊细节图   ▼ 连廊俯瞰图

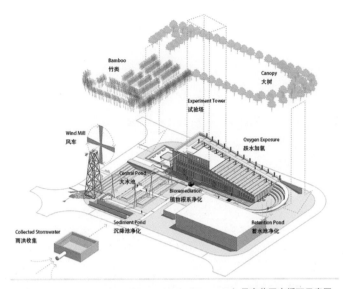

▲ 风车花园水循环示意图

▲ 风车花园实景图

▲▼ 风车花园屋顶阶梯净化图

水循环模式

植物涵养收集雨水

生物草沟汇集雨水

大水池储存雨水

风车运送储存水

利用重力势能经行曝气和生物净化

生物草沟进一步汇集和净化

在左图中能看到风车花园不仅有对风能的运用，还有太阳能和重力势能的运用。太阳能板创造的电能为运送水提供了动力，也提供了照明能源。水受重力自上而下通过回折的长水道曝气和生物净化。最后通过同样回折的生态草沟汇入雨水集中池。风车花园反映了项目对生态草沟植物配置的研究，这里种植了多种植物，用于研究不同植物搭配对水净化的处理能力。

关于生态草沟

生态草沟又叫植被浅沟或者生物沟，主要用于雨水的前处理或者雨水的运输，可以代替传统的沟渠排水系统。总体上生态草沟都做传输功用，水力停留时间短，净化效果稍弱。万科建研中心的生态草沟结合雨水下渗和回折型草沟设计，大大加强了生态草沟的生物净化能力和雨水蓄聚能力。

碧山公园及加冷河道改造

项目名称：Bishan Park and Kallang River Restoration
碧山公园及加冷河道改造

项目地点：新加坡

项目设计：Atelier Dreiseitl / 戴水道设计公司

项目时间：2006—2012

项目概况：项目是对原碧山公园和一条水渠的改造。在经过将近 3 年的设计和 2 年的施工，这个片区得到了翻天覆地的变化，戴水道公司以其大胆的水体处理方式成功地为新加坡新增了一块绿色瑰宝。该项目获得 2012 新加坡游憩场地设计奖；2012 世界建筑节年度最佳景观设计项目奖。

新加坡从 2006 年开始推出活跃、美丽和干净的水计划（ABC 计划），除了改造国家的水体排放功能和供水到美丽和干净的溪流、河流、和湖泊外，还为市民提供了新的休闲娱乐空间。同时，提出了一个新的水敏城市设计方法（也被称为 ABC 在新加坡水域设计的亮点）来管理可持续雨水的应用。

公园改造围绕的重点就是水体。原先由钢筋水泥铺就的水渠被改造成为一条自然式的河流，看不见人工雕琢的痕迹。自然式的河流使该地的生态环境恢复到了相对稳定的状态，具有了收纳雨洪、增加生物多样性、净化空气和水体等功用。

◀ 河道改造前后

生态工法是该生态恢复案例的亮点，是加冷河岸的处理手法之一。生态工法具有成本低，坚固性、稳定性随时间增加的特点，平衡了河岸对自然美观和防侵蚀的需求。

◀ 项目生态工法测试床

关于生态工法

生态工法技术包括梢捆、石笼、土工布、芦苇卷、筐、土工布和植物，是指将植物、天然材料（如岩石）和工程技术相结合，稳定河岸和防止水土流失。与其他技术不同的是，植物不仅仅起到美观的作用，在生态工法技术中更是起到了重要的结构支撑的作用。这个项目在建造前使用测试床检测多种生态工法，因为在热带地区利用生态工法还是初次尝试，需要对当地河流性质进行考察。测试分别运用天然石材、木材、金属框搭配不同植物造岸，对美观性、抗冲击性、稳固性、耐腐蚀性做出一个综合评价，选择最合适的搭配方式用于河岸建造。这一技术可以追溯到古代的亚洲和欧洲，在中国，历史学家早在公元前 28 年就有对生态工法使用的记录。

▲ 临河休憩空间

    公园位于新加坡一处成熟居民社区之中，设计了大量的公共娱乐设施，附近居民成为了公园的常客，增强了人与自然的亲近程度。在许多发达城市，儿童锻炼的机会很少，建成环境是决定孩子娱乐活动的关键因素之一。园区内的安全是最重要的设计内容，但同时也需兼顾考虑引导孩子们去主动探索和积极实践的重要性。

    在公园中，有回收的混凝土块改造的景观，有用于净化雨水的生态植物净化区。这些寓教于乐的设计让人们感触到人与自然应有的相处方式。

▼ 公园与周围环境

▲ 儿童游乐空间

▲ 公共活动空间

▼ 废弃混凝土营造的景观

▼ 生态水净化示意

塔博尔山中学雨水花园

项目名称：Mount Tabor Middle School Rain Garden
　　　　　塔博尔山中学雨水花园
项目地点：美国俄勒冈州波特兰
项目设计：Kevin Robert Perry 景观事务所
项目时间：2007
项目概况：塔博尔山中学雨水花园被视作波特兰市可持
续雨洪工程的最成功的范例之一。这个项目将一个利用
不足的沥青铺设的停车场改造成一个非常有创意的雨水
花园，它融合了艺术、教育与生态功能等一系列概念，
帮助解决了当地街道错综复杂的下水道设施问题。

该项目的平面图简单明了，通过不同的植物块和铺装块将场地进行了几何化的分割。三种处理雨水的方式，分别应对不同的降水量：覆盖花园大面积的绿色植物；棕色的砂砾道；深灰色的下水道。整个方案设计简洁，以功能为重。其中大部分面积覆盖植物，重视植物对雨水径流的控制。

项目设计平面图 ▶

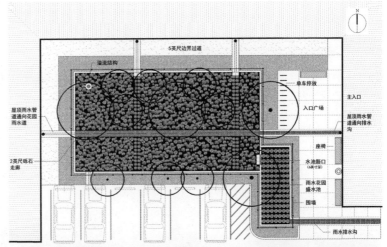

雨水径流由校园沥青游乐场、停车场及屋顶雨水，通过一系列排水沟和管道转移到 190m² 的雨水花园中。随着暴雨强度的增加，花园内的雨水径流逐渐上升，大部分通过土壤和砂砾的地表渗入地下。一旦蓄水量超过 20cm 的设计深度，水就流出花园并进入与之相结合的下水道系统。

大雨积水城池 ▶

关于雨水花园

雨水花园也被称为生物滞留区域（Bioretention Area），是指在园林绿地中种有树木或灌木的低洼区域，由树皮或地被植物作为覆盖。它通过将雨水滞留下渗来补充地下水并降低暴雨地表径流的洪峰，还可通过吸附、降解、离子交换和挥发等过程减少污染。雨水花园也被美国环保署认为是降低城市非点源污染的最佳管理方式。

花园中设计了一条约 0.6m 宽的细沙"走廊"，它在视觉上连接了雨水花园的两端。这一简单的设计不仅可以使参观者观察到雨水从多个方向跌落到花园中的过程，也可作为维修人员进入雨水花园而不破坏植被和土壤结构的通道。

▲ 砂道在雨前、雨后的情况

| Kinnikinnick
熊果 | Cascade Oregon Grape
俄勒冈莓 | Moon Bay Nandina
月亮湾南天竹 | Little Rascal Holly
小叶冬青 | Silver Princess Euonymus
银边大叶黄杨 | Tupelo Tree
紫树 | Dougla
道格拉 |
| Gold Band Sedge
金叶莎草 | New Zealand Orange Sedge
新西兰橙叶莎草 | Big Blue Lilyturf
大叶麦冬 | California Gray Sedge
加利佛利亚灰苇 | Cinnamon Sedge
棕叶莎草 | Ice Dance Sedge
银边莎草 | Quakin
颤 |

植物在雨水花园中的作用举足轻重，项目运用了如上图所示的地被乔灌。在植物的选择上具有统一的耐湿、喜湿性，其中莎草、苇和冷杉对水的需求量很大。这些植物叶色丰富，观果、观叶上也有考量。

花桥吴淞江湿地公园

预计保留的绿地

2022年区域土地利用计划

整体规划平面图 ▶

项目名称：花桥吴淞江湿地公园

项目地点：中国上海

项目设计：SWA

项目时间：2009—2012

项目概况：吴淞江河道沿岸工业发达，导致环境污染日益严重。改造方案的构思是"净水公园"：保留了场地内原有的一块江滩湿地，利用狭长的场地条件，改造为内河湿地，绵延 4km，形成了一个富有生命的水质净化系统。

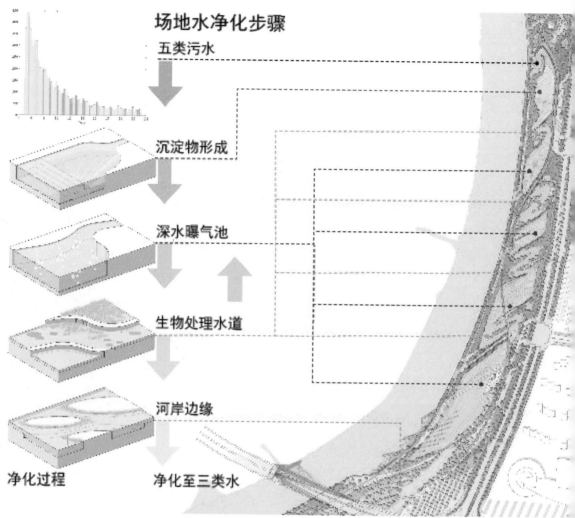

场地水净化步骤

五类污水

↓

沉淀物形成

↓

深水曝气池

↓ ↑

生物处理水道

↓

河岸边缘

↓

净化过程　　净化至三类水

▲ 净水概念示意图

　　将外河的劣五类水，通过北端进水口泵站引入内河湿地，经过过滤、沉淀、曝气、土壤和植物及微生物的净化，再缓慢流经过滤墙、深水池、浅滩水生植物区、深水曝气区过程中，得以净化至三类净水，重新回归使用。

　　从实际已建成的场地照片来看，编者认为项目有一些明显的缺陷，设计方主要展示了对水净化的处理能力和对整个场地的把控能力，缺乏对景观细节的设计，这种公园景观在国内已经平淡无奇。另外，现结果也可能是受到经费、施工水平方面的限制导致的。

▼ 建成实景

沉淀池

曝气池

处理渠道

沉积物堆积

50年后的水位

10年后的水位

将来水位线将浸没一部分滨水带和水杉林

▲ 净水方法示意图

生态恢复

生态恢复是根据生态学原理，通过一定的生物、生态以及工程的技术与方法，人为地改变和切断生态系统退化的主导因子或过程，调整、配置和优化系统内部及其与外界的物质、能量和信息的流动过程及其时空秩序，使生态系统的结构、功能和生态学潜力尽快成功地恢复到一定的或原有的乃至更高的水平。景观作为生态恢复可行的方式之一，有进行归纳介绍的必要。本章案例针对工业生态破坏、自然灾害重建、废弃场地利用有较大的学术价值。

钢铁工厂院落改造

项目名称：The Steel Yard
钢铁工厂院落改造

项目地点：美国罗得岛州普罗维登斯

项目设计：Klopfer Martin Design Group

项目时间：2010

项目概况：这是一个非常成功的工业恢复改造项目，荣获多项奖项。设计的每一部分都与地面环境密切关联，使原本废弃的工厂院落在获得新的功能的同时基本实现可持续发展。

原场地破碎的混凝土面上凌乱地停着车，杂草丛生。不透水混凝土不仅有碍地块动植物生存，而且造成雨水聚集，使地面被不规则地侵蚀，形成恶性循环的生态环境。

▲ 基地原始平面

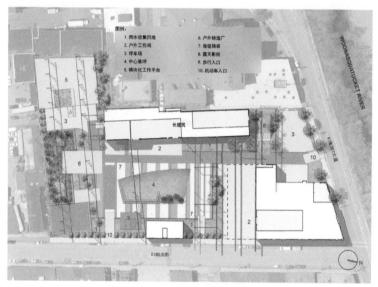

设计在原场地的基础上进行了规整，为场地赋予了新功能。红色的钢架与厂房被保留，绿化和雨水的处理是废弃工业院落生态恢复的关键。

▲ 设计平面

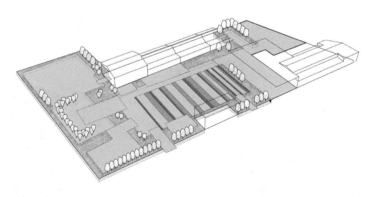

项目以三色铺装广场为中心，在尽量少破坏原有混凝土面的情况下，用微地形、沟渠、植物和透水砖解决地表径流的问题。

▲ 设计概况

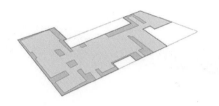

▲ 总覆盖面

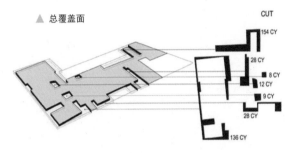

CUT

154 CY

28 CY

8 CY

12 CY

9 CY

28 CY

136 CY

▲ 抽拉（壕沟）

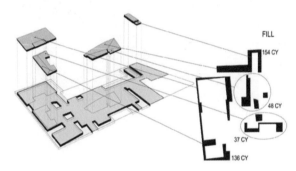

FILL

154 CY

48 CY

37 CY

136 CY

▲ 聚焦（地形）

▲ 植被（本地野生＋草坪）　　▼ 中间隆起的地形

场地处理：

1. 规整出土壤和混凝土的边界。

2. 将土壤和硬质铺装分开高差，种植植物的土壤地块成为雨水收集的"壕沟"。

3. 在硬质铺装之上增加绿地，在平地上增加地形，使地表雨水径流向"壕沟"聚集。

4. 在"壕沟"部分种植本土亲水植物过滤雨水。

▼ "壕沟"

▲ 金属压合块挡墙

▲ 锈蚀钢板挡墙

　　利用回收的废旧金属材料构建挡土墙，与原有红色钢架贴切，是生态可持续材料的运用。乡土植物的选用适应和保护了本已恶劣的生态环境。

◀ 项目草坪

清溪川复原改造

项目名称：清溪川复原改造

项目地点：韩国首尔

项目时间：2003—2005

项目概况：韩国在 1950—1960 年，由于经济增长及都市发展，清溪川曾被覆盖成为暗渠，清溪川的水质亦因废水的排放而变得恶劣。20 世纪 70 年代，曾在清溪川上面兴建高架道路。2003 年 7 月起，在首尔市长李明博推动下进行重新修复工程，将清溪高架道路拆除，重新营造了一个文化与自然并重的清溪川。

复原河流的设计重点在于河驳岸的设计，复原河道长 10.84km，分为三段处理，由西向东赋予时间的主题，对应上、中、下游。上游驳岸用花岗岩型材塑造出具有动感的流线型驳岸，彰显现代感。

中游采用中国园林驳岸的处理手法，体现人工和自然的完美结合。

下游则以挺水植物接水，依靠生物群落净化水体，减少人为设计，营造一个朴素的河岸景观。

清溪川改造项目为公众提供了大量的亲水空间。在中下游自然式的河段用跌水、汀步、石阶暗示了韩国传统的洗衣文化。大量的亲水植物和水生植物营造了一个自然生态的环境。

◀ 洗衣石驳岸和两道跌水

河道断面设计为复式断面，一般设 2～3 个台阶，在提供不同的休闲方式的同时，起到人群分流、防洪抗涝、隔绝闹市的作用。

　　桥梁是清溪川的特色，复原后的清溪川上遍布了 22 座桥，分为人行桥和人车混行桥。这些桥有的是古桥复原，有的是现代新建。桥下的空间也是公众休闲娱乐的优良空间。

　　在下游河道中故意保留了几个高架桥的残骸，部分景观墙是由政府征集的市民绘画做成的烤瓷墙，这些细节为这个景观赋予了强烈的文化内涵。

▼ 下游的高架桥柱

▼ 某段河道的景观墙

天津桥园

▲ 满是垃圾废水的原场地

项目名称：天津桥园

项目地点：中国天津

项目设计：土人景观与建筑规划设计院

项目时间：2005—2008

项目概况：天津桥园项目通过改造地形，使城市雨洪融入植被适应与群落更替的自然过程中，将一块废弃的打靶场变为了一座人工养护的城市公园，创造出包括雨洪调蓄、净化在内的多种自然服务功能，改善了原本盐碱的土质。

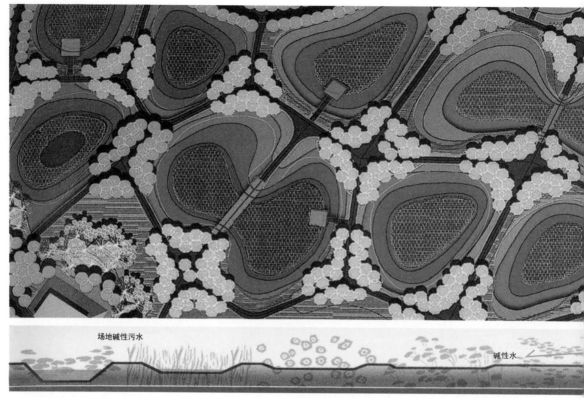

场地碱性污水

碱性水

▲ 场地净水示意图

▲ 草本花卉在盛开

▲ 秋冬景色

园内的植物均选用多年生草本和水生植物，维护成本低。并且依据园内不同区域的酸碱值搭配合适的植物，保证了植物的成活率和绿化效果。在春、夏、秋三季都有大片美丽的花卉，而冬季枯黄的芦苇也呈现出一幅"荒野"景致。

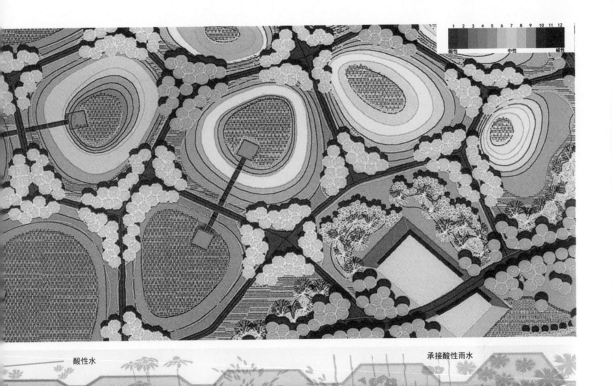

酸性水　　　　　　　　　　　　　　　　　　　　　　　　承接酸性雨水

2

　　设计在场地上营造了许多"土坑"，这些坑洞的海拔自西向东逐渐升高。海拔低的"土坑"汇集了场地的碱性污水，海拔高的"土坑"蓄积酸性雨水，水自高向低渗透呈现酸碱中和的趋势。由此，大部分碱化的水土通过这样的模式，配合生态群落净化得以渐渐改善。

睡莲
Numphaea Tetragona
适应 pH 值：6.0-8.0

黑心菊
Rudbeckia Hybrida
适应 pH 值：6.0-8.0

波斯菊
Cosmos Bipinnatus
适应 pH 值：6.0-8.0

蛇目菊
Coreopsis Tinctoria
适应 pH 值：7.5-8.5

大花金鸡菊
Coreopsis Grandiflora
适应 pH 值：4.0-9.0

费菜景天
Sedum Kantchaticum Fisch
适应 pH 值：6.5-7.5

蜀葵
Althaea Rosea
适应 pH 值：5.5-6.5

千叶蓍
Achillea Mileflium
适应 pH 值：6.5-8.0

芦苇
Phragmites Communis
适应 pH 值：7.5-8.5

狼尾草
Pennisetum Alopecuroides
适应 pH 值：5.5-7.0

ECOMATERIAL ECOMATERIAL ECOMATERIAL
ECOMATERIAL ECOMATERIAL ECOMATERIAL
ECOMATERIAL ECOMATERIAL ECOMATERIAL
ECOMATERIAL ECOMATERIAL ECOMATERIAL
ECOMATERIAL ECOMATERIAL ECOMATERIAL
ECOMATERIAL ECOMATERIAL ECOMATERIAL
ECOMATERIAL ECOMATERIAL ECOMATERIAL
ECOMATERIAL ECOMATERIAL ECOMATERIAL
ECOMATERIAL ECOMATERIAL ECOMATERIAL

生态材料

生态材料指同时具有满意的使用性能和优良的环境协调性，或者能改善环境的材料。生态材料主要有：纯天然材料、仿生物材料、环境兼容性包装材料、环境兼容性涂层材料、环境降解材料以及环境工程材料。景观用材可以分为硬质材料和植物两大类。大量运用的硬质材料如木材、石材等都是天然材料。因此景观材料的生态创新更偏向景观当地材料的运用，废弃材料的再利用和材料的特殊用法。

ECOMATERIAL ECOMATERIAL ECOMATERIAL
ECOMATERIAL ECOMATERIAL ECOMATERIAL
ECOMATERIAL ECOMATERIAL ECOMATERIAL
ECOMATERIAL ECOMATERIAL ECOMATERIAL
ECOMATERIAL ECOMATERIAL ECOMATERIAL
ECOMATERIAL ECOMATERIAL ECOMATERIAL
ECOMATERIAL ECOMATERIAL ECOMATERIAL

格林斯堡街道规划

项目名称：Greensburg Main Street Streetscape
　　　　　格林斯堡街道规划
项目地点：美国堪萨斯州格林斯堡
项目设计：BNIM
项目时间：2007—2009
项目概况：格林斯堡在 2007 年被龙卷风摧毁了 90% 的城镇。在之后的四年，这里的人口一直在下降，经济状况也不好。这个项目遵循可持续原则对城市街道进行了重新规划。

自行车和人行道铺透水砖，有利雨水下渗收集。这些再生地砖和城市历史风貌相吻合。

休憩座椅的木材从附近的弹药厂回收。绿化植物采用当地原生植物，养护成本低。

龟裂纹广场

项目名称：La Craquelure
　　　　　龟裂纹广场
项目地点：意大利巴达卢科
项目设计：mag.MA 建筑事务所
项目时间：2006—2007
项目概况：项目建于巴达卢科一个小镇，三面环建筑，建筑式样非常老旧，显露着黄褐色。这个项目的设计看起来很谦虚：统一的褐色沥青面空出三块白色砾石面，上面种着一两棵橄榄树。没有复杂的设计，透出独特的艺术气息。
特色材料：彩色沥青，锈蚀钢板

　　彩色沥青是由聚合物、树脂、软化剂和其他外加剂所聚合而成的，主要部分是无色胶结料和色粉。它的唯一缺点是成本较高。在施工时，它不需要像石油沥青那样，先加热乳化再铺设，省下燃油，零碳排放。

波茨坦广场水系统设计

项目名称：Water System Potsdamer Plaza
波茨坦广场水系统设计

项目地点：德国柏林

项目设计：Atelier Dreiseitl / 戴水道设计公司

项目时间：1998

项目概况：项目面积内的雨水通过设计被收集作为冲厕、灌溉和消防用水。过量的雨水则流入户外水景的水池和水渠之中，植被净化群落融入到整个景观设计之中用以过滤和循环流经街道和步道的水体，环保可持续。

生态材料：生态净水植物和净水基质。

◀ 植物群落净化水池

净水基质是一种圆形颗粒状、无机、低养分高渗透性沙矿混合物。其主要成分为：90% 沙质、5% 沸石和 5% 火山岩。沸石具有高渗透性和高营养合成能力。火山岩中含有高达 15% 的铁，因此呈红色，能在很大程度上对磷酸盐起到束缚作用，有利净水植物生长。

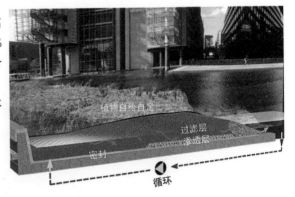

白平衡

项目名称：White Balance
　　　　　白平衡
项目地点：丹麦哥本哈根
项目设计：SLA 景观事务所
项目时间：2009
项目概况：项目名称来自主材为白色的石灰石。这个景观项目服务于哥本哈根的贝拉中心。2009 年，COP15 会议在贝拉中心举行。大面积的白色石灰石和黑色土壤的平铺以及圆形的浅水池都在默默调节城市的小气候。
生态材料：白色石灰岩铺地，具有中和酸雨、透水性好、反射光热的特点。

SCIENCE
&
TECHNOLOGY

科 技

　　在当今科学技术与生产力的影响下，景观设计也在设计阶段不断地推陈出新。这其中就包括已经在景观设计中得到推广和应用的 GIS 技术、参数化设计和多媒体技术等。这些技术的运用为景观设计提供了效率和精确的保证，是景观设计未来发展的必经之路。可以说，现代科技特别是数字化信息技术与景观设计的逐渐融合给景观设计行业带来了新的机遇与挑战，在很大程度上甚至改变了传统的景观设计方式和思想观念。

　　科技与景观的结合集中体现在景观的信息化程度上，这是第三次科技革命后计算机技术发展的结果。计算机技术使景观设计和创作的艺术形式不再受技巧的限制，计算机极大地拓展了设计师的想象空间，拓展了设计师的设计思路，燃烧了设计师的创作激情、传统手段无法绘制与描述的复杂形象，通过计算机的虚拟技术使其轻松地跃然纸上，让复杂的设计趋于简单。而在具体的景观设计展现方式上，计算机技术又使得景观设计不再局限于传统的实体材料，出现了许多以图像和多媒体等为形象主体的设计作品，极大地丰富了观者的体验感。

ENCE&TECHNOLOGY   SCIENCE&TECHNOLOGY
ENCE&TECHNOLOGY   SCIENCE&TECHNOLOGY
ENCE&TECHNOLOGY   SCIENCE&TECHNOLOGY
ENCE&TECHNOLOGY   SCIENCE&TECHNOLOGY
ENCE&TECHNOLOGY   SCIENCE&TECHNOLOGY
ENCE&TECHNOLOGY   SCIENCE&TECHNOLOGY
ENCE&TECHNOLOGY   SCIENCE&TECHNOLOGY
ENCE&TECHNOLOGY   SCIENCE&TECHNOLOGY
ENCE&TECHNOLOGY   SCIENCE&TECHNOLOGY
ENCE&TECHNOLOGY   SCIENCE&TECHNOLOGY

ENCE&TECHNOLOGY   SCIENCE&TECHNOLOGY
ENCE&TECHNOLOGY   SCIENCE&TECHNOLOGY
ENCE&TECHNOLOGY   SCIENCE&TECHNOLOGY
ENCE&TECHNOLOGY   SCIENCE&TECHNOLOGY
ENCE&TECHNOLOGY   SCIENCE&TECHNOLOGY
ENCE&TECHNOLOGY   SCIENCE&TECHNOLOGY
ENCE&TECHNOLOGY   SCIENCE&TECHNOLOGY
ENCE&TECHNOLOGY   SCIENCE&TECHNOLOGY

GIS 技术

地理信息系统（Geographic Information System，GIS）是一种管理与分析空间数据的计算机应用系统。当前已发展成为一门综合计算机科学、空间信息科学、自然资源与环境科学等领域的比较完善的学科。GIS 的空间分析与三维可视化功能对研究区域空间数据的分析与可视化表达提供了有效的工具，在城市景观规划设计中有广泛应用。

"西湖西进"景观工程

项目名称：Westward Expanding of West Lake in Hangzhou
　　　　　"西湖西进"景观工程
项目地点：浙江杭州
项目设计：杭州园林设计院、北京林业大学、北京多义景观规划设计事务所
项目时间：2001
项目概况："西湖西进"是西湖历史上一次重要的生态改进工程，也是我国景观规划设计中较早运用三维
GIS 技术的项目。到目前为止，"西湖西进"已近十年，可以说是成果显著，无论是西湖周边的生态还是
文化环境都得以进一步的保护和发展。

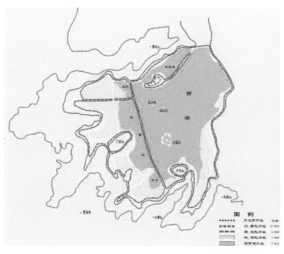

▲ 项目区域规划图

关于"西湖西进"

　　杭州，作为中国重点风景旅游城市、历史文化名城，地理位置十分优越。由于杭州西湖闻名中外，随着城市旅游业的快速发展，西湖景观逐渐呈现出诸多不足。其一，开阔的西湖水面，湖面基本上一览无余，景观层次相对单调；其二，由于湖与山之间被大面积的陆地分隔，形成西湖景区与山地景区的隔离，历史上山水相依的自然形态被破坏；其三，环湖景区中，北山、南山自古以来就是旅游的热点景区，唯有面积最大的西山景区没有发挥应有的作用，使得西湖面临巨大的游客压力，现有景区并不能满足游人的游览需要。由于提高旅游环境容量，保证西湖风景名胜区的可持续发展和西湖地区生态平衡迫在眉睫，杭州市政府终于在 2001 年开始着手推进一项重大工程——"西湖西进"。

▼ "西湖西进"实景照片

"西湖西进"西区实景照片 ▶

　　由于"西湖西进"是典型的生态工程，设计所涉及的范围非常广，投入也非常大，因此保证设计的科学性、准确性和方案的可行性是设计的重中之重，这就要求运用到近些年来逐渐得到推广的三维 GIS 技术。

　　在"西湖西进"的设计前期，设计师王向荣和他的团队研究尝试着借助于 ERDAS Imagine 8.4 软件的 ERDAS Virtual GIS 三维模块，结合最新的航片（卫片）数据、地形图、土地利用现状图资料及有关规划文件，来模拟西湖西进后的自然三维景观，形象逼真地显现大西湖之风貌，并据此来分析"西进"所能带来的社会、经济、生态效益，评价"西湖西进"的可行性。

　　进入设计阶段，"西湖西进"的重点在于恢复历史上西湖的部分水域，同时对西湖进行又一次重要的疏浚，所以研究历史时期的西湖湖底范围是"西湖西进"最应考虑的问题。但是，由于西湖的历次疏浚以及近代以来大规模建设的影响，地形变化较大，确切可能的西进水体范围同样就需要通过三维 GIS 技术来确定。

　　在具体研究"西进"范围的过程中，设计团队又以 1∶5000 的西湖风景名胜区矢量化地形图为基础，综合航片分析，利用地理信息系统进行设计分析。将"西湖西进"区域按高程、坡度、植被、地表水、建筑密度、文物、道路等多个要素，参照对于拓展湖面的有利程度，将每个要素分为 2～4 个等级，分别进行了分析，确定了在每种要素中适合拓展为水面的区域，最终将这些分析图叠加较为精确地确定出"西湖西进"中适于拓展为水面的区域约为 60ha，随后考虑游人的活动和道路设施安排，认为拓展水面的面积在适宜于拓展水体面积的 50% 左右比较合适。

PARAMETRIC DESIGN PARAMETRIC DESIGN
PARAMETRIC DESIGN PARAMETRIC DESIGN
PARAMETRIC DESIGN PARAMETRIC DESIGN
PARAMETRIC DESIGN PARAMETRIC DESIGN
PARAMETRIC DESIGN PARAMETRIC DESIGN
PARAMETRIC DESIGN
PARAMETRIC DESIGN

参数化

PARAMETRIC DESIGN
PARAMETRIC DESIGN

　　参数化设计，作为空间设计领域的一股热潮，如今逐渐在景观设计中得到应用。参数化设计不仅拥有最基本的视觉审美，而且还包含空间生成的内在逻辑与个性化条件，这些数据成为方案独特性的基石，同时也为加工工艺提供了技术上的辅助，即在创造个性化空间设计的同时，使创意、技术、生产形成链条，使美学、科学、社会学形成交叉，为设计提供更充分的科学依据。因此，在未来设计学科领域，它必然会成为最具成长性的发展前沿。

PARAMETRIC DESIGN
PARAMETRIC DESIGN
PARAMETRIC DESIGN
PARAMETRIC DESIGN
PARAMETRIC DESIGN

PARAMETRIC DESIGN PARAMETRIC DESIGN
PARAMETRIC DESIGN PARAMETRIC DESIGN
PARAMETRIC DESIGN PARAMETRIC DESIGN
PARAMETRIC DESIGN PARAMETRIC DESIGN
PARAMETRIC DESIGN PARAMETRIC DESIGN
PARAMETRIC DESIGN PARAMETRIC DESIGN

心灵的花园

项目名称：Garden of Hearts
　　　　　心灵的花园
项目地点：新加坡
项目设计：王向荣
项目时间：2012
项目概况："心灵的花园"是 2012 年"新加坡花园节"的一个 10m×10m 的"梦幻花园"。由于小花园是在一个展览大厅内，应此它更像是一个室内的临时花园装置。

PLAN

0　1　2　　　　5m　N

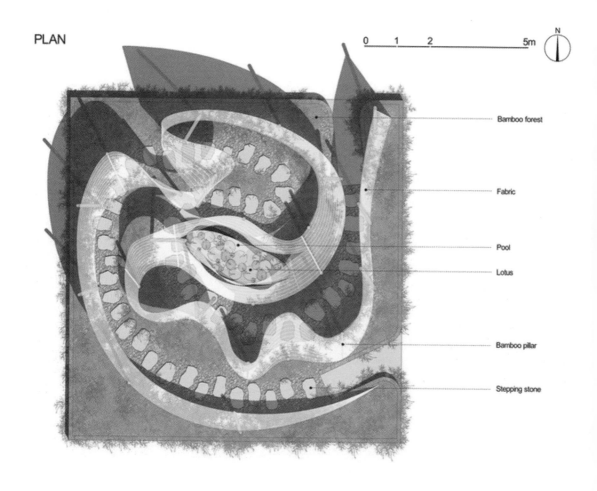

Bamboo forest

Fabric

Pool

Lotus

Bamboo pillar

Stepping stone

关于新加坡花园节

　　心灵的花园项目是 2012 年新加坡花园节上展出的一个设计师花园。

　　新加坡花园节由新加坡国家公园局举办，每两年一届，已经成功举办四届，成为亚洲最著名的花园节之一。地点在新加坡新达城国际会展中心，展出时间在每年 7 月份，持续一周。每个花园的面积均为 100 ㎡。

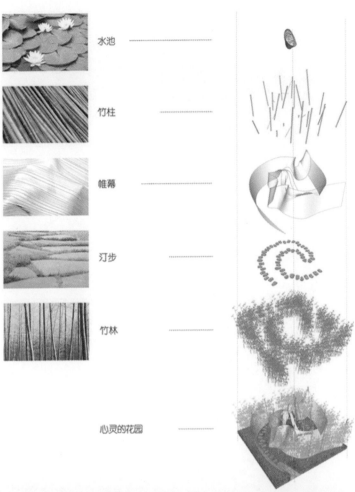

水池 ·····························

竹柱 ·····························

帷幕 ·····························

汀步 ·····························

竹林 ·····························

心灵的花园 ·····················

心灵的花园的设计理念是在有限的空间里表现出中国花园的空间变化和意境，它能够给人带来心灵的宁静和感悟。花园由水池、竹柱、帷幕、汀步、竹林五个部分组成，是一个浪漫而富有禅意的花园，能够给人们带来心灵的宁静和感悟，设计师王向荣创造出了一个具有诗意的非线性空间。

方案一开始的构思是在一个用纸片、竹签和橡皮泥制作的手工模型上完成空间的推敲和把握：白色的帷幕曲折蜿蜒，从入口逐渐升高，到最高处时螺旋翻转，转到中央时下降，最后再次升高转向出口，围合出迷宫一般的空间。

参数化曲面分析 ▶

然后在 Rhinoceros 中进行方案的定型和细化。帷幕两边需要用钢丝固定，利用钢丝受弯时的弹性来绷紧具有伸缩性的帷幕。根据 Rhinoceros 中曲面曲率的分析，在曲率变化剧烈的位置，也就是钢丝弯曲程度剧烈的位置，即受力点处布置竹柱，以牵引并固定弯曲的钢丝，从而满足钢丝和帷幕的不同的力学特性要求，即建立起"曲面曲率—钢丝弯曲受力强度—柱点"三者关联的非线性参数化体系。

参数化体系构建 ▶

接着在 Rhinoceros 中将帷幕展开到平面上，调整其平面线形，使得帷幕弯曲程度和平面线形变化程度相一致。标出帷幕与竹柱对应的固定点并进行对应编号，标出帷幕的分割线，将帷幕分割为若干段，以便打板加工、运输和现场拼装。为了更好地控制设计，提前发现后期施工可能出现的问题，设计师在把先加工好的两段帷幕进行拼装试验，以测试钢丝弯曲受力特性和帷幕的透明度。

方案效果图 ▶

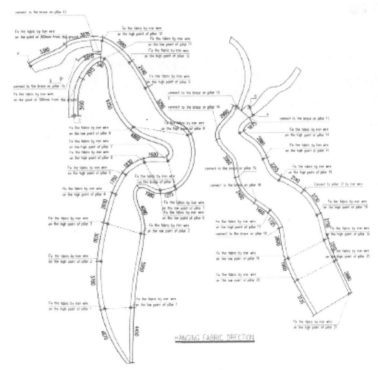

▲ 参数化深化的织物定位放样图

▼ 实景照片

流动的花园

项目名称：Flowing Gardens
　　　　　流动的花园
项目地点：中国西安
项目设计：Plasma Studio & Groundlab、Laur 工作室
项目时间：2011
项目概况："流动的花园"是 2011 年西安世界园艺博览会园区总体规划方案。设计团队通过设计营造了一处集水流、植被、循环系统和建筑于一体的和谐功能区，展现了未来可持续发展的美好园景。

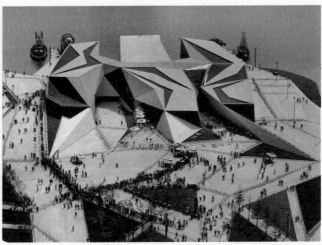

　　项目占地 37ha，由 5000m² 的创意馆、4000m² 的自然馆和 3500m² 的广运门广场及入口路桥构成。流动的花园展开了很多蜿蜒的道路，构造了一个交错循环的景观和水体网络。现有的地形和坡度用来勾勒这些道路，越过陡峭斜坡环绕山体。这些道路的宽度不一，从主要通道到通往纤道的动脉干路等。道路之间的空地成为不同的植被区和湿地区，既外形美观，又易于维护。而由 Plasma 设计的 3 座建筑——创意馆、自然馆和广运门广场，均位于主要道路的十字路，这 3 座建筑将成为景观节点，强化了景观效果。

▼ 方案平面图

▲ 方案效果图

设计师首先建立网格系统作为表达场地关系的基础，即使场地指数化，它是世园会的框架，之后根据场地条件对网格进行变形。由于在场地主轴旁有两处起伏较大的地形，经过分析后，将网格系统中长菱形的对角线作为行走路径，赋予其不同的道路等级，并且将相应的结构延伸到剩余的场地当中。网格系统中三角形区域是植物生长区和湿地，类似于生态系统中的斑块。主持设计师伊娃称：" '流动的花园'是一种有机组织系统……蕴含着一个由不同的层面组成却能在交叉点协同运行进而产生基于周边环境的更大的循环体系的互相联系的信息集合……"

◀ 实景鸟瞰图

关于 PLASMA Studio & Groundlab

Plasma Studio 和 Groundlab 事务所作为国际先锋的设计机构，先进的设计理念及数字化设计技术使其近些年来多次在国际竞赛中折桂。他们的设计理念发展了英国建筑联盟学院（AA）教学中应用及发展的景观都市主义方法，其组成元素包括多重标量策略、自下而上的设计、信息地图和领域索引以及相关的都市模型。他们认为设计开始对从文脉到内部逻辑等复杂关系的预测和抽离。对 Plasma Studio 和 Groundlab 而言，参数化是一种思考方式，他们非常注重设计技术的使用，因为它们搭建了从抽象思维和设计意图到项目实施的桥梁。

英国克佑皇家植物园树冠步行道

项目名称：Kew Gardens Treetop Walkway
英国克佑皇家植物园树冠步行道

项目地点：英国伦敦

项目设计：Marks Barfield Architects

项目时间：2008

项目概况：此设计项目位于一植物园内，目的是建造
一个供人观赏树冠的步行道，一方面为游人提供欣赏
植物园景观的不同视角，同时也能让游人更全面地了
解植物知识。

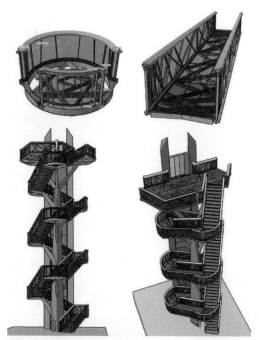

在此方案的设计中，设计师运用基于 Catia 的盖里技术的 DP 这一参数化的建模软件，利用自然生长规律中的斐波那契序列生成了看似随机，实则规律的结构形态。整个步行道犹如一条链子，节点为圆形的休息平台，由标准化的单元桥相连。整个步行桥通过控制栏杆、地面的结构杆件，来调控桥的跨度和截面尺寸等大形。从设计到施工图均通过三维模型来完成，整个建模过程犹如实际施工建造的预演。

◀ 参数化构建的结构分析

▼ 实景照片

苏河印象——长宁区苏州河沿线景观改造

项目名称：苏河印象——长宁区苏州河沿线景观改造

项目地点：中国上海

项目设计：Brearley Architects＋Urbanists

项目时间：2011

项目概况：苏州河改造项目是一次在城市尺度上罕有的机会，它为上海创造一条娱乐游憩活动带。这个设计的首要目标是创造一条不间断的亲水沿河走廊，串联周边不同类型的公园，使市民休闲与苏州河的联系更加紧密。项目为了实现独特的动态性来表达水的形象特征采用了先进的参数化生成手段，并贯穿于整个设计过程。

都市天伞

项目名称：Metropol Parasol
　　　　　都市天伞
项目地点：西班牙塞维利亚
项目设计：J. Mayer H. Architects
项目时间：2013
项目概况："都市天伞"具有及其夸张的造型，无论从设计上抑或是施工上都是传统方式难以驾驭的，这就需要数字化处理手段的支持。"都市天伞"项目原址为一座旧修道院，拆除后1990年西班牙政府决定在此修建地下停车场之上的市场空间。但在挖掘地基的过程中，竟然发现了腓尼基时代的文物。为了保护地下考古遗迹，当地政府决定将此改建为一个公共广场。方案由6个蘑菇状的单体组成，它们彼此连接形成了包括博物馆、农贸市场、文化中心、餐饮酒吧在内的建筑群，市民既可在此休闲，亦可欣赏历史遗迹，还可登上建筑屋顶，以独特视角观赏城市风光。

景观围栏

项目名称：Landscape Fence
　　　　　景观围栏
项目地点：奥地利维也纳
项目设计：维也纳建筑事务所（Heri & Salli）
项目时间：2011
项目概况：该景观围栏位于奥地利，是由维也纳建筑事务所 Heri & Salli 设计的一座可以俯瞰景观湖泊的景观设施。其外形是由链条式围栏的概念通过参数化生成的方法转化而成的一种美学元素，它将建筑完全包裹住，在保证住户私密性的同时，还让他们能直接观赏到室外的自然美景。位于户外游泳池和露台之上的是弧线形跨越式的顶盖，这个原本用于划分空间界限的结构体并没有为人们带来宽阔的空间感，而是变成一个消隐了的屏障。对角线形的图案从屋顶一直包裹到地面，与楼梯、座椅、桌子融合到一起，钢斜肋构架结构上断断续续的覆盖了一层弯曲的长方形金属板，形成了一体化的流动空间形态。

"火"道路景观

项目名称：Blaze
　　　　　"火"道路景观
项目地点：英格兰米德尔斯堡
项目设计：McChesney Architects
项目时间：2011
项目概况：Blaze 道路景观处于交通道路的交汇处，充当着交通空间的作用。Blaze 整体上像是一个艺术装置作品，其形象正如其名，在设计上模仿火的形态，火焰随着人在不同位置观看都呈现出不同姿态，充满活力。

　　Blaze 在设计的过程中，使用了参数化建模技术，进行形态的生成，随后对生成的设计进行比对以选定形态。

　　除此之外，为了突破参数化设计常有的"纸上谈兵"，Blaze 项目将参数化应用到底，将所有的部分进行数字化描述，每一个木条都是不一样的，需要单独放样，定点安装。

MULTIMEDIA TECHNOLOGY MULTIMEDIA TECHNOLOGY
MULTIMEDIA TECHNOLOGY MULTIMEDIA TECHNOLOGY
MULTIMEDIA TECHNOLOGY MULTIMEDIA TECHNOLOGY
MULTIMEDIA TECHNOLOGY MULTIMEDIA TECHNOLOGY
MULTIMEDIA TECHNOLOGY
MULTIMEDIA TECHNOLOGY
MULTIMEDIA TECHNOLOGY
MULTIMEDIA TECHNOLOGY
MULTIMEDIA TECHNOLOGY
MULTIMEDIA TECHNOLOGY
MULTIMEDIA TECHNOLOGY
MULTIMEDIA TECHNOLOGY
MULTIMEDIA TECHNOLOGY
MULTIMEDIA TECHNOLOGY
MULTIMEDIA TECHNOLOGY
MULTIMEDIA TECHNOLOGY
MULTIMEDIA TECHNOLOGY
MULTIMEDIA TECHNOLOGY MULTIMEDIA TECHNOLOGY
MULTIMEDIA TECHNOLOGY MULTIMEDIA TECHNOLOGY
MULTIMEDIA TECHNOLOGY MULTIMEDIA TECHNOLOGY
MULTIMEDIA TECHNOLOGY MULTIMEDIA TECHNOLOGY
MULTIMEDIA TECHNOLOGY MULTIMEDIA TECHNOLOGY
MULTIMEDIA TECHNOLOGY MULTIMEDIA TECHNOLOGY
MULTIMEDIA TECHNOLOGY MULTIMEDIA TECHNOLOGY

多媒体

　　"多媒体"是指综合地运用文字、图形、图像、声音、动画、视频以及网络超文本链接，使用户交互式获得信息的技术。多媒体技术作为新的建构手段、新材料和新构成要素介入景观后，在景观空间的使用上也就产生了新的体验。各种高科技含量的轻质透明材料（液晶显示玻璃、合成薄膜、红外线反射聚碳酸酯薄膜等）以及最新的照明技术、激光技术、全息影像技术和计算机调控方法，集成为一系列的多媒体装置，借助多媒体的参与，景观设计以新的形式承载着不同的文化和技术的交融。

"行列之间"灯光景观

项目名称：Entre Les Rangs（法语）
　　　　　"行列之间"灯光景观
项目地点：加拿大蒙特利尔
项目设计：Kanva 建筑事务
项目时间：2013
项目概况：这个形似"麦田"的灯光景观是加拿大人为庆祝魁北克的北方气候而设计的灯光景观，受到山脉形状和布局的启发，创作了这个在冬日城市广袤的土地上闪闪发亮的精美"麦田"。每当夜幕降临，灯光景观将整个街道变成了仙境。

千禧年公园"皇冠喷泉"

项目名称：Crown Fountain
　　　　　千禧年公园"皇冠喷泉"

项目地点：美国芝加哥

项目设计：Jaumes Plensa

项目时间：2004

项目概况："皇冠喷泉"（Crown Fountain）是坐落于芝加哥千禧年公园的公共艺术与互动作品，由西班牙艺术家约姆·普朗萨（Jaumes Plensa）设计。和古典喷泉不同的是，"皇冠喷泉"是一个靠灯光和图像来千变万化的现代艺术。黑花岗岩构成倒影池，有两座相对的玻璃瀑布砖墙，高 15.2m（50ft），墙上是利用电脑控制的 LED 画面，艺术家拍下 1000 位芝加哥市民的脸，以每小时 6 张速度慢放，还有金字塔、尿尿小童等影像穿插其中。这是一座与当地居民融合的作品，包含素材取用以及公共机能，每天都有许多父母带着小朋友来与水同乐。

空气森林

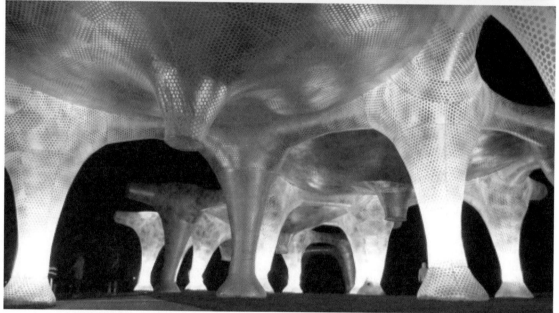

项目名称：Air Forest
空气森林

项目地点：美国科罗拉多

项目设计：MASS 建筑工作室

项目时间：2008

项目概况：空气森林（Air Forest）是一个长 56.3m，宽 25m 的充气式构造，由 9 个位于 4m 高处的六边形冠篷单元组成。这些单元相互链接，形成一块巨大的结构，然后由设置在 35 根气柱底部的 14 台鼓风机集中充气。设计师将 9 个六边形单元中的 3 个设计为开敞的户外空间，然后将另外 6 个悬挂了漩涡形网架顶篷，为市民遮挡刺眼阳光。尼龙面料上印有渐变的银色小圆点，反射面使整个顶篷可以模仿周围环境的色彩，并为在下面休憩的人们提供了有趣的点状投影。这种合成构造在断开森林种植环的缝隙中存在，看上去就像被打破这一缝隙的森林的延续。

德尔托里科广场

项目名称：Plaza Del Torioo
　　　　　德尔托里科广场
项目地点：西班牙特鲁埃尔
项目设计：b720 Arquitectos
项目时间：2007
项目概况：在西班牙的德尔托里科（Del Torico）广场的翻新改造中，设计师保持传统文化和建筑风格的同时，在地面、阳台、墙面中引入新的灯光设计，让古老的空间焕发出新的光彩。整个灯光方案当中，使用了不少LED景观灯，特别是在广场的地面，设计师打破常规，LED埋地灯出奇制胜地被应用在了地面上。诺大的广场上布满了1230根LED埋地灯管，当夜幕降临，华灯初上，整个广场立即呈现出光线的纹理，广场上厚重的玄武岩地面，在光的点缀下变得轻盈。LED线型灯的随意分布，如同天空中撒下的一把光束，散落在广场的每个角落，引人入胜。

"本源"水景观

项目名称：Primal Source
　　　　　"本源"水景观
项目地点：美国圣莫妮卡
项目设计：Usman Haque
项目时间：2008
项目概况：这个项目是由 Usman Haque 设计的一个宛如夜间海市蜃楼般的多媒体装置。这个装置用于 Glow 2008 狂欢节，使用了大型户外水屏幕与雾保护系统（waterscreen/mist protection system）。通过感应器对游人充满竞争和合作的声音、音乐和附近人群的尖叫声的回应，奇妙的装置能发出海市蜃楼般的颜色和产生令人热情澎湃的图案。与人群产生的声音的回应是该系统的模式能每隔几分钟改变一次，这取决于参加人群的积极性（更多声音更快改变）。灯效是根据分析麦克风接收的音节、句子的频率和动态振幅而产生的结果。海市蜃楼般的颜色和动态形态，以及其与人的全方位互动行为，让该多媒体装置成为一种梦幻般景观与景象，给人一种虚拟般的体验。

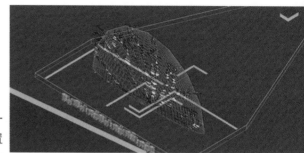

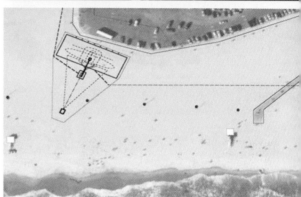

参 考 文 献

思维

[1] Taylor Cullity Lethlean Paul Thompson.The Australian Garden [EB/OL]. 2013.
http://www.gooood.hk/The-Australian-Garden.htm

[2] Garten Studio.Riverside Origami–Millennium City Center[EB/OL]. 2011.
http://www.landezine.com/index.php/2012. riverside-origami-millennium-city-center-by-garten-studio/

[3] Charles Jencks. CellsofLife[EB/OL].2013.
http://www.gooood.hk/Cells-of-Life-Charles-Jencks.htm

[4] Kathryn Gustafson. The Diana Princess of Wales Memorial Fountain[EB/OL]. 2004.
http://www.gustafson-porter.com/diana-princess-of-wales-memorial-fountain/

[5] Prof.Achim Menges. ICD&ITKE Research Pavilion[EB/OL]. 2012.
http://www.gooood.hk/_d273791014.htm

[6] 3GATTI.Kic Park[EB/OL]. 2013.
http://www.gooood.hk/Kic-Park-by-3GATTI.htm

功能

[1] Grupo Aranea.Twisted Valley[EB/OL]. 2014.
http://www.gooood.hk/Twisted-Valley-By-grupo-Aranea.htm

[2] Balmori Associates. Plaza Euskadi[EB/OL]. 2008.
http://www.gooood.hk/Plaza-Euskadi-By-Balmori.htm

[3] design/buildLAB.Smith Creek Pedestrian Bridge[EB/OL]. 2013.
http://www.designbuildlab.org/

[4] EFFEKT. Lemvig Skatepark[EB/OL]. 2013.
http://www.gooood.hk/Lemvig-Skatepark-By-EFFEKT.htm

[5] ASPECT Studios. Darling Quarter[EB/OL]. 2011.
http://aspect.net.au/?p=361&paged=1&cat=35

[6] ASPECT Studios. Box Hill Gardens[EB/OL]. 2011.
http://aspect.net.au/?p=2730&paged=1&cat=35

[7] Opland Landskabsarkitekter .Plaza At Bavneøh jArena [EB/OL]. 2011.
http://www.ala-designdaily.com/Index/content/id/1216/cid/2

[8] SWA. Japanese Takarazuka Sun City Nursing Home Landscape[EB/OL]. 2014.
http://art.china.cn/building/2014-05/28/content_6940112.htm

[9] James Corner Field Operations. Section 2 of the High Line[EB/OL]. 2011.
http://www.gooood.hk/_d271726207.htm

文化

[1] Studio a+i. NYC AIDS Memorial [EB/OL]. 2013.
http://www.gooood.hk/_d274984689.htm

[2] 朱育帆工作室. 海原子城爱国主义基地纪念园景观设计. 设计的链接 [J].沈阳：城市环境设计. 2013（05）.

[3] Joan Soranno&John Cook. Lakewood Cemetery's Garden Mausoleum by HGA Architects [EB/OL]. 2013.

http://www.gooood.hk/_d274984689.htm

[4]　West 8. 巴亚尔塔港马雷贡大道 [EB/OL]. 2011.
　　　　http://www.west8.nl/cn/projects/all/malecn_puerto_vallarta/

[5]　董豫赣 . 意象与场景　北京红砖美术馆设计 [J]. 上海：时代建筑 . 2013（02）.

[6]　Martha Schwartz Partners. Sowwah Square [EB/OL]. 2014.
　　　　http://www.gooood.hk/sowwah-square-martha-schwartz.htm

[7]　李晓东工作室 . 淼庐 [EB/OL]. 2009.
　　　　http://www.lixiaodong.net/cn/index.html

[8]　Andrew Spurlock&FASLA. Ottosen Entry Garden [EB/OL]. 2008.
　　　　http://www.asla.org/2013awards/191.html

[9]　李煦 . 平民社区的"世博园"—— 哥本哈根 Superkilen 城市空间设计 [J]. 北京：建筑学报 .2012（12）.

生态

[1]　Michael Hellgren. Natura Towers Exterior [EB/OL]. 2009.
　　　　http://www.verticalgardendesign.com/projects/natura-towers-exterior

[2]　Matthew Soules Architecture. Vermilion Sands [EB/OL]. 2014.
　　　　http://www.gooood.hk/vermilion-sands-matthew-soules.htm

[3]　DS Architecture – Landscape. Ulus Savoy Housing [EB/OL]. 2013.
　　　　http://www.gooood.hk/Ulus-Savoy-Housing-By-DS.htm5

[4]　Z+T Studio. Vanke Research Center [EB/OL]. 2011.
　　　　http://www.gooood.hk/_d276659386.htm

[5]　Atelier Dreiseitl. Bishan-Ang Mo Kio Park and Kallang River Restoration [EB/OL]. 2012.
　　　　http://www.gooood.hk/River-Restoration-Singapore.htm

[6]　Kevin Robert Perry. Mount Tabor Middle School Rain Garden [EB/OL]. 2007.
　　　　http://www.asla.org/sustainablelandscapes/raingarden.html

[7]　SWA. Wusong Riverfront[EB/OL].　2012.
　　　　http://www.swagroup.com/project/wusong-riverfront.html

[8]　俞孔坚 . 天津桥园 [EB/OL]. 2008.
　　　　http://www.turenscape.com/project/project.php?id=339

[9]　Atelier Dreiseitl. 波茨坦广场水系设计 [EB/OL]. 1998.
　　　　http://www.dreiseitl.com/index.php?id=82&lang =cn

[10]　SLA. White Balance [EB/OL]. 2009.
　　　　http://www.sla.dk/en/projects/white-balance-cop15

科技

[1]　北京多义景观规划设计事务所 . 杭州西湖西进 [EB/OL]. 2001.
　　　　http://www.dylandscape.com/

[2]　王向荣 .Garden of Hearts[EB/OL]. 2012.
　　　　http://www.archreport.com.cn/show-6-3572-1.html

[3]　Plasma Studio & Groundlab. 西安世界园艺博览会 —— 漂浮花园 [EB/OL]. 2011.
　　　　http://photo.zhulong.com/proj/detail48528.html

[4]　Kanva.Entre Les Rangs[EB/OL]. 2013.
　　　　http://www.kanva.ca/#/entrelesrangs/

[5]　McChesney Architects .Blaze[EB/OL]. 2011.
　　　　http://www.gooood.hk/_d273292315.htm